本书由徐州市生态文明建设研究院基金项目、国家重点研发计划项目（2023YFC3804203）资助出版

九里湖国家湿地公园植物研究

杨瑞卿　杨学民　田　梅　蒙元仙　著

合肥工業大學出版社

图书在版编目（CIP）数据

九里湖国家湿地公园植物研究/杨瑞卿等著. ——合肥：合肥工业大学出版社，
2025.1. ——ISBN 978 - 7 - 5650 - 6651 - 1

Ⅰ. Q948.525.33

中国国家版本馆CIP数据核字第2024AY2886号

九里湖国家湿地公园植物研究

杨瑞卿　杨学民　田　梅　蒙元仙　著　　　　　责任编辑　张择瑞

出　版	合肥工业大学出版社	版　次	2025年1月第1版
地　址	合肥市屯溪路193号	印　次	2025年1月第1次印刷
邮　编	230009	开　本	787毫米×1092毫米　1/16
电　话	理工图书出版中心：0551－62903204	印　张	16.75
	营销与储运管理中心：0551－62903198	字　数	320千字
网　址	press.hfut.edu.cn	印　刷	安徽联众印刷有限公司
E-mail	hfutpress@163.com	发　行	全国新华书店

ISBN 978 - 7 - 5650 - 6651 - 1　　　　　　　　　　　　　定价：98.00元

如果有影响阅读的印装质量问题，请联系出版社营销与储运管理中心调换。

《九里湖国家湿地公园植物研究》

编辑委员会：杨学民　渠俊峰　杨瑞卿　田　梅

李志政　许海瑞

撰　　　著：杨瑞卿　杨学民　田　梅　蒙元仙

现 场 调 查：杨瑞卿　杨学民　田　梅　李志政

谭雪红　张翠英　孙钦花　蒙元仙

黄　杰　陈　永　王　坤　徐　周

李　祥　陈凌哲　肖　扬　张　慧

肖　潇　许正玉　余　瑛　姜　楠

宁　洋　杨　颖

摄　　　影：田　梅　杨学民　杨瑞卿

前　言

　　湿地是地球上具有多种独特功能的生态系统，它不仅为人类提供大量食物、原料和水资源，而且在维持生态平衡、保护生物多样性和珍稀物种资源以及涵养水源、蓄洪防旱、调节气候等方面均起到重要作用，有"生物超市"和"地球之肾"的美誉。湿地公园作为湿地保护体系的重要组成部分，具有湿地保护与利用、湿地研究、科普教育、休闲娱乐、生态观光等多种功能，与湿地自然保护区、湿地保护小区等共同构成了湿地保护管理体系。

　　九里湖国家湿地公园是采煤塌陷区经过生态修复形成的湿地生态系统，在采煤塌陷区的生态修复、湿地公园建设和湿地保护等方面具有重要的示范带头作用。

　　《九里湖国家湿地公园植物研究》对九里湖国家湿地公园植物多样性进行了系统调查和分析。全书共分四章：第一章概述了本书的研究背景，国内外研究概况，研究内容和技术路线；第二章对九里湖国家湿地公园的自然特征与功能分区等进行了分析；第三章是九里湖国家湿地公园植物多样性的调查与研究；第四章是九里湖国家湿地公园主要植物的特征与分布。

　　本书由徐州工程学院杨瑞卿、蒙元仙，徐州市生态文明建设研究院杨学民，江苏省中国科学院植物研究所田梅共同撰著。在实地调查和研究过程中，江苏省九里湖国家湿地公园管理中心给予了大力支持和帮助，出版资金得到徐州市生态文明建设研究院基金项目、国家重点研发计划项目（2023YFC3804203）的支持，在此表示衷心感谢。

　　受作者知识和能力所限，书中难免存在疏漏和欠妥之处，敬请读者批评指正。

著　者

2024年3月

目 录

第1章 绪 论

1.1 研究背景和意义

我国是一个以煤炭为主要能源的国家,煤炭在能源消费结构中占比70%左右,其中井工开采的产量约占92%。长期、高强度的地下采煤导致采煤区上部顶板断裂,原有地质构造发生变化,形成比采空区规模更大的采煤塌陷区。据统计,到2017年,我国共有采煤塌陷区约20000km²,部分资源型城市采煤塌陷区面积超过城市面积的10%。采煤塌陷区的形成严重影响了区域生态安全,概括起来,主要包括以下方面:(1)毁坏了大面积的森林、草原和耕地,导致生物多样性下降;(2)土壤结构变化,养分流失,污染严重;(3)地表水渗漏,河川径流量减少,水质恶化;(4)采煤作业过程中的污染物排放引起空气质量下降;(5)区域生态系统的组成、结构和生态过程发生变化,生态系统退化;(6)地表景观受到干扰,土地利用适宜性下降。因此,采煤塌陷区的生态修复成为煤炭资源型城市可持续发展急需解决的问题。

徐州是我国重要的能源基地和典型的煤炭城市,煤矿开采历史已逾130年,长期的煤炭开采,形成了大面积的采煤塌陷区。据统计,丰沛矿区、九里矿区、贾汪矿区开采累计造成了近26000hm²的采煤塌陷区,受影响的行政区域覆盖铜山区、沛县、贾汪区、泉山区4个县区,涉及人口43.69万人。为解决采煤塌陷区的治理及修复问题,徐州市借助国家和江苏省加快振兴徐州老工业基地的契机,借鉴德国鲁尔矿区等国内外先进的生态修复经验,采用"基本农田整理,采煤塌陷地复垦,生态环境修复,湿地景观开发"四位一体的建设模式,对九里湖、潘安湖等6432hm²的采煤塌陷区实施生态修复;根据塌陷区原有地形地貌进行地形重塑、土壤重构和水系整理,恢复植被营造湿地景观,强化生态保育功能，先后建成兼具生物多样性保育、水源涵养和科普教育等复合功能的潘安湖国家湿地公园、九里湖国家湿地公园、安国湖国家湿地公园等，在改善采煤塌陷区生态环境、提升区域可持续发展能力等方面发挥了巨大作用，也为全国采煤塌陷区的生态修复和治理探索出了有效路径。

生物多样性是人类赖以生存和发展的基础，是地球生命共同体的血脉和根基，为人类提供了丰富多样的生产生活必需品、健康安全的生态环境和独特别致的景观文化。保护生物多样性，是建设美丽中国、促进人与自然和谐相处的重要举措。2010年9月，环境保护部颁布了《中国生物多样性保护战略与行动计划》（2011—2030年），2021年10月，中共中央办公厅、国务院办公厅印发了《关于进一步加强生物多样性保护的意见》，要求将生物多样性保护理念融入生态文明建设全过程，全面提升生物多样性保护水平，共建万物和谐的美丽家园。植物多样性作为生物多样性的重要组成部分，是生态系统中物质循环与能量流动的中枢，是衡量生态系统稳定性和生态修复质量的重要依据。

湿地指不论其为天然或人工、常久或暂时之沼泽地、湿原、泥炭地或水域地带，带有静止或流动的淡水、半咸水或咸水水体者，包括低潮时水深不超过6m的水域，是地球上具有多种独特功能的生态系统，它不仅为人类提供大量食物、原料和水资源，而且在维持生态平衡、保护生物多样性和珍稀物种资源以及涵养水源、蓄洪防旱、调节气候等方面均起到重要作用，有"生物超市"和"地球之肾"的美誉。湿地公园作为湿地保护体系的重要组成部分，具有湿地保护与利用、湿地研究、科普教育、休闲娱乐、生态观光等多种功能，与湿地自然保护区、湿地保护小区等共同构成了湿地保护管理体系。

九里湖国家湿地公园作为徐州市湿地生态保护体系的重要组成部分，是采煤塌陷区经过生态修复形成的湿地生态系统。本研究基于我国采煤塌陷区生态修复与湿地公园建设现状及实际需要，紧紧围绕采煤塌陷区湿地公园植物多样性这一研究主题，在对九里湖国家湿地公园植物多样性进行现场调查的基础上，以景观生态学、植物学等学科理论为指导，运用多种分析方法，对其植物多样性特征、保护及可持续管理进行研究，探讨了采煤塌陷区生态修复工作中植物多样性保护的最佳途径。本研究的开展，有利于进一步了解采煤塌陷区湿地公园植物多样性的现状、演替规律、形成和维持机理，可为采煤塌陷区湿地公园植物多样性的有效保护积累科学数据和提供科学依据，对科学实施采煤塌陷区的生态恢复和湿地公园建设具有重要的应用和指导价值。

1.2 国内外研究概况

1. 植物多样性研究现状

植物是生态系统的重要组成部分，是生态系统中物质循环与能量流动的中枢。植被恢复是退化生态系统恢复和重建工作的基础。通过采煤塌陷区生态修复前后植物多样性及其影响因素的研究，可以充分了解区域植物群落的物种组成、群落生态系统的多样性与稳定性及其与生态环境的响应关系；分析评价植被恢复及生态系统恢复效果，可以为采煤塌陷区的生态修复提供依据。

国外学者对于煤炭开采区生态修复植物多样性的研究起步较早，但大部分研究集中于露天开采的矿区，如 Gilland 和 Mccarthy（2014）、Makineci（2015）等学者的研究；国内学者关于煤炭开采区生态修复植物多样性的研究起步较晚，主要集中在植物种类、植物多样性及生态功能等方面。

（1）植物选择和种类研究

生态修复植物种类的选择应综合考虑当地的植物资源、生态习性、拟修复区域的土壤、水分、地形等条件。M.T.Mentla 在对南非露天煤矿进行植被恢复时选择了 *Rhodes grass*（非洲虎尾草）、*Buffalo grass*（香草）、*Kweek grass*（库克草）、*Weeping Love grass*（垂爱草）、*Teff*（画眉草）等草种；白中科等在山西安太堡露天煤矿复垦土地的植被恢复研究中，根据不同植被类型分别对引种植物进行研究，认为沙棘、柠条锦鸡儿、刺槐等为可用于生态修复的最适先锋植物；张冠雄等以山东济宁市采煤塌陷区新生湿地为研究对象，通过对新生湿地植物的野外调查和定位研究，从采煤塌陷前后、不同塌陷时期和季节3个时间尺度研究了东部高潜水位地区采煤塌陷区新生湿地植物的物种组成、群落结构和多样性及时空分布特征，并对湿地生物多样性的主要调控因子进行了分析，探讨了采煤塌陷区新生湿地生物多样性的维持机制；渠俊峰等提出采煤塌陷区植物应具有明显的空间梯度分布，按照沉水植物带、浮水植物带、挺水植物带进行布局，可选择柳树、枫杨、水杉、落羽杉及芦苇、香蒲等本土适生植物种植。

（2）植物多样性监测与调查研究

煤炭开采区植被修复过程中，往往会改变原有植被及其时空分布格局，且其变化方向和速率在不同地区、不同管理方式和配置模式下表现会截然不同，因而针对不同矿区不同植被恢复模式下植物多样性的变化过程进行长期监测并分析其内在机理就显得非常重要。

Schulz F 等对德国劳济茨地区矿业废弃地自然恢复景观进行了 4 年的自然植被调研，发现 13 种植物是具有杰出特征和特性的物种，是主导性植物，出现的频率较高，研究结果表明自然恢复具有科学的重要性，原生演替恢复景观被认为是有利于自然保护和发展旅游的一个适当的手段；Miroslav salek 在捷克西北部的矿业塌陷地自然恢复区域研究了自然恢复区域的演变阶段对植物多样性的影响，并且对人工恢复的区域和自然恢复的区域做了不同阶段的对比研究；Liu 等比较了内蒙古神东矿区的恢复样地和自然演替样地的植物群落，结果表明恢复样地的植物群落没有达到采矿前的水平，两个样地的植物群落相似性较低，郭道宁等人通过群落调查和实验分析，采用丰富度指数、物种多样性指数和均匀度指数，结合多元线性回归和相关分析，研究了山西安太堡矿区复垦地恢复过程植被多样性、土壤条件和地形因子的变化。随着科学技术的发展，一些学者开始运用遥感技术、地理信息技术及全球定位系统技术相结合的方法，对煤炭开采区的植物多样性进行动态监测。

（3）植物多样性测定方法研究

多样性测定是植物多样性研究的重要手段。植物多样性的测定主要有 3 个空间尺度：α 多样性指数、β 多样性指数、γ 多样性指数，其中 α 多样性指数描述生境内的多样性，关注某生境下的物种数目与分布均匀度等，β 多样性指数描述生境间的多样性，侧重不同生境间物种组成沿环境梯度的相异性，γ 多样性指数描述区域或大陆尺度的多样性，物种数是其主要测定指标。张亦扬运用相关指标，通过对比陕西神府采煤塌陷区不同植被恢复方式下 1～5 年、6～10 年、11～15 年、未塌陷区植物群落组成、结构和多样性的变化特征，分析采煤塌陷区不同恢复年限植物群落演替规律；郝蓉等对安太堡露天复垦地的植被动态进行了研究，认为该区的人工植被经过长期演变，植物的科属组成和种类组成结构发生相关变化，逐渐趋于动态平衡状态，同时还预测了其植被的演替方向。

（4）植物多样性影响因素及生态效应研究

科学有效地评价煤炭开采区植被恢复的生态效应是检验不同植被恢复方式的有效方法，同时也可以为煤炭开采区生态修复提供更优方案提供科学依据。生态效应通过植被群落结构、土壤理化性质的变化等相互作用反映出来，利用植物群落特征、物种多样性、土壤理化性质等对恢复状况进行评价是目前较有效的方法。Alday 以西班牙矿业废弃地植被恢复为研究对象，得出植被丰富度指数和多样性指数变化趋势为阴坡 > 半阴坡 > 半阳坡 > 阳坡；郭道宇等把水分和光照作为影响因子对山西安太堡露天煤矿复垦地植被恢复状况进行研究，认为植被生态修复的生态效益主要受植物种类的选择、植物多样性和植物的生长状况影响。

湿地公园植物多样性研究方面，国外学者研究的重点从物种多样性水平的描述逐步转移到生物多样性的保护和可持续利用，通过探究湿地植物多样性降低的主要原因，进一步研究制定保护措施。Casanova 等（2000）研究了洪水淹没深度、淹没频率和持续时间对湿地植物多样性的影响，预测了自然和人工湿地中植被对水位变化的响应；Schooler 等研究了千屈菜等入侵植物对北美温带地区湿地植物多样性的影响，结果证明入侵植物会降低植物群落的多样性；Kröger 等（2010）研究了南非洪泛湿地区域国家公园的湿地植物多样性，结果表明人类在该区域的旅游活动导致了水环境的变化，进而引起植物多样性的变化。

国内学者对湿地公园植物的研究主要集中在湿地公园植物配置及景观评价、湿地公园植物多样性调查等方面，但相对深入的研究较少，如俞青青、贺依婷、徐行、庞宏东等学者的研究，仅有部分涉及湿地公园植物在吸附重金属、净化水体、改善水体质量等生态效益方面的研究。邓鸿等（2004）研究表明，湿地植物吸附重金属物质能力在不同物种、种群和组织之间有所不同，讨论了湿地植物在植被修复中的作用；刘辉等（2014）对北京市门城湖湿地公园挺水植物的高光谱信息与再生水总氮含量估测进行了研究；江秀朋等（2019）对不同湿地植物净化污染水体的效果进行了比较研究。

2. 植物区系研究现状

植物区系指的是生长在某一个特定地理范围内的所有植物种的总和。研究植物区系能够了解植物在不同区域环境中的适应能力，为合理开发利用植物资源提供科学依据。

国外对于植物分布区类型的研究相较于国内发展早。《植物历史》《关于植被的论文》等被认为是西方最早的与植物分布地理研究有关的著作。早在1940年，Vester就开始研究科的分布区类型的划分，并将世界上科的分布区类型划分为2种类型；而后Good将科的分布区类型划分为6种类型，将属的分布区类型划分为5种类型，并对各大类进行细分。

我国的植物区系研究发展较为缓慢，国内研究植物区系较早的主要有：李惠林于1944年提出了中国植物地理分区的看法；吴征镒在1965年完成了最早的属的分布区类型划分，而后与王荷生讨论了各分布区类型间的演变，又对中国的种子植物分布区类型进行划分，1983年进行了进一步完善，1991年再对其进行了调整；张宏于1980年对华夏植物区系与被子植物的起源时期与地点进行了论述。目前国内主要研究重点为植物区系特征及区系间的相似性等，如叶嘉等运用聚类分析和主成分分析法，对河北武安国家森林公园与国内其他9个植物区系的关系进行了比较分析；陈开森等利用区系地理学原理分别对福建汀江源国家级自然保护区的种子植物区系组成和分布区类型进行统计分析；刘可丹等人对广西横县（现横州市）野生种子植物的区系特征进行了统计分析。进入21世纪后，学科的交叉为植物区系的探究提供了新的技术手段，也促进了植物地理学研究领域的发展。

3. 外来入侵植物的相关研究

1）相关概念

（1）外来种

外来种指物种从原来的分布区扩展到新的地区，然后能繁殖扩散并可以维持种群延续的物种。外来种包括外地种和外国种，外地种是指来自于不同自然地理气候区和地理分布区的物种，可以是外国也可以是本国不同气候区和地理分布区；外国种是来自不同国别的物种。

（2）引进种

引进种是人类为满足生态、经济等目的和生物防治等目标而引进驯化的物种。

（3）归化种

归化种是指原来分布在异域的物种由于自然或人为因素被带入本区，逸生且能正常繁育后代的物种。少数归化种逃逸到野外，会对当地生物多样性造成危害。

（4）外来入侵种

外来入侵种是指"生物移民"远距离迁徙到新地区繁衍定植后，转变为"侵略者"，危害入侵地的环境安全和人类健康，破坏入侵地的生物群落结构与功能，导致生物多样性下降和乡土种灭绝，造成巨大经济损失和重大生态灾难的物种。外来入侵种往往具有以下特点：生态适应能力强、繁殖能力强、传播能力强。

外来入侵种可通过3种途径成功入侵：①有意识地引进：引入用于农林牧渔生产、生态环境改造与恢复、景观美化、观赏等目的的物种，尔后演变为入侵种；②无意识地引进：随着贸易、运输、旅游等活动而传入的物种；③自然入侵：靠自身的扩散传播力或借助于自然力量而传入。

（5）生物入侵

生物入侵是指一种生物从其原分布区域扩展到一个远距离的新分布区，并且在新的分布区域，该物种及其后代可以繁殖和扩散，其种群可以持续维持的过程。

2）外来入侵物种的危害

自然界普遍存在生物扩散和迁徙现象，生物入侵历史源自地质历史时期，地球上每一次表面形态和大尺度的气候变化都会导致物种分布的变化和进化。随着地球自然环境的演变、人类社会发展和经济全球化进程的加快，越来越多的物种通过自然扩散或人工引进分布到新的地理区域成为外来种，部分外来物种严重危害森林、草原、湿地、海洋和内陆水域生态系统等，造成当地物种灭绝，降低群落生物多样性，导致生态系统退化，严重影响当地的生态系统健康和生态安全，给入侵地的农业、水产养殖业、畜牧业、园艺业和林业等行业的发展构成巨大威胁。其危害主要表现为以下几个方面：

（1）降低生物多样性，改变原生群落结构

在自然界长期的发展过程中，生物之间相互制约、相互协调，将各自的种群限制在一定的生境和数量，形成了稳定的生态系统。当一种生物传入一个新的生境后，如果脱离了人为控制逸为野生，在适宜的气候、水分、土壤及传播条件下大肆扩散蔓延，形成大面积的单优群落，就会侵占原有植物的生存空间，危及本地动植物的生存；有些外来植物通过分泌化感物质排斥其他物种，造成本土物种数量减少乃至灭绝，导致生态系统组分改变，原有的食物链结构遭到破坏，生态系统结构失衡和服务功能退化及生物多样性丧失。

（2）影响遗传多样性，改变本土群落基因库结构

外来植物的侵入，往往会导致原生的生物种群被入侵种分割、包围和渗透，造成生境片段化和破碎化，以及一些植物的近亲繁殖和遗传漂变，因而影响生物的遗传多样性。外来物种与本土近缘物种杂交也会改变本土物种基因型在生物群落基因库中的比例，使群落基因库结构发生变化，而且这种杂交后代由于具有更强的抗逆能力有时会使本土物种面临更大的压力。

（3）破坏景观的完整性和自然性

外来物种的生态适应能力、繁殖能力、传播能力都很强，它们的无序生长可以改变和破坏自然景观的完整性，导致景观美学价值的丧失。

（4）影响人类的健康和生产生活

外来植物的大量入侵，严重影响人类的健康和生产生活。如"水中霸王"水葫芦，入侵后大量逸生，堵塞河道，影响航运和水产养殖；死后沉入水底，造成水质的二次污染，影响生活用水，且会滋生蚊蝇。一些外来植物不仅危害自然环境，还给人类生产和生活带来不良影响甚至直接威胁人畜健康，如豚草，其花粉会导致过敏者产生过敏性哮喘、皮炎、鼻炎、打喷嚏、流清鼻涕等症状，体弱者若症状严重，会并发肺气肿、心脏病乃至死亡。

（5）造成巨大的经济损失

外来入侵物种会对农业、畜牧业、水产业等造成直接经济危害。在国际贸易中，外来物种常常引起国与国之间的贸易摩擦，成为贸易制裁的重要借口或手段。外来入侵生物还可通过影响生态系统和景观而给旅游业带来巨大损失，此外，外来物种清理需投入巨大的人力物力财力。目前我国至少有380种外来入侵植物、40种入侵动物、23种入侵微生物，

这些入侵物种，每年给我国的经济和环境造成高达2000亿元的损失。

3）外来入侵植物的防控

为对外来入侵植物进行更好的防控，2003年至今，我国共发布了4批中国外来入侵物种名单，涉及外来入侵植物40种，隶属15科32属，这些外来入侵物种对我国自然生态系统、生物多样性产生了严重的危害。《中国入侵植物名录》一书中将入侵植物分为7级，其中恶性入侵种34种、严重入侵种69种、局部入侵种85种、一般入侵种80种、有待观察物种247种、建议排除物种69种。外来入侵植物的防控方法主要有物理清除、化学清除、生物防治、生态控制等。

（1）物理清除

物理清除方法是通过人工或机械的措施，根据各种外来植物的生理习性，采取不同的措施防止植物的生长。物理清除方法主要有：①人工或机械铲除；②采用不透光线的纤维布或其他遮光植物对外来植物的分布区遮盖，控制外来入侵植物的呼吸或光合作用，抑制其生长直至植株死亡；③使用挖根方法，有效去除、杀死新生的小种群和单个植物，用机械粉碎具有再生能力的根，将粉碎的根茎片断埋到土壤表面以下，限制植物的无性繁殖；④在植物结实期，剪下未成熟的种穗，以限制种子的传播，从而控制外来入侵植物的蔓延。

物理清除方法简单易行，见效快，但需要大量人力物力，不仅耗费大量资金，需要长期的不断处理，费时费力，且入侵种易恢复，不能彻底根除，难以从根本上解决问题。

（2）化学清除

化学清除方法主要是通过施用除草剂等农药清除或控制入侵植物。利用化学除草剂清除入侵植物，效率高，见效快，便于推广使用，但在杀死外来入侵植物的同时往往也可能对本地生物及环境造成一定危害，而且不能根除。长期连续施药，还容易导致外来入侵植物抗药性的提高，影响防治效果。

（3）生物防治

生物防治方法包括利用植物替代控制、利用天敌昆虫控制和利用微生物及其天然产物控制等。利用植物替代控制即通过改变植被组成，间接达到控制入侵植物危害的目的，其核心是根据植物群落演替的自身规律，利用有益的本地植物取代外来入侵植物，恢复合理的生态系统的结构和功能，建立起良性的生态群落。利用天敌昆虫控制入侵植物，即从外来入侵植物原产地或自然分布区引进其天敌昆虫，在农田或自然生态系统中释放并建立种群，达到部分或完全控制入侵植物的目的。利用微生物及其代谢产物控制，是指利用寄主范围较为专一的植物病原微生物或其代谢产物将外来入侵植物种群控制在为害阈限以下。利用微生物防控外来入侵植物可以通过两种途径：一是利用对外来入侵植物具有致病作用的微生物本身来控制入侵植物的生长繁殖，达到控制其危害的目的；二是利用具有除草活性的微生物代谢产物控制入侵植物的扩散蔓延，达到控制其危害的目的。

（4）生态防控

生态防控是指通过对生态系统中植物、微生物和生态环境要素的生态调控来防控外来入侵植物的方法。外来入侵植物的生态防控技术体系包括植物、微生物、生态环境系统的综合调控：土著植物的功能群分化是控制外来入侵植物反复暴发的基础；植物–微生物反馈机制是外来入侵植物生态防控的途径；利用土著植物与外来入侵植物的性状差异，尤其是利用土著植物的化感作用性状控制，可有效地控制外来入侵植物；调控生态环境要素，尤其是光照、水分、养分等要素，可有效地帮助外来植物入侵的生态防控。外来入侵植物的生态防控技术目前尚未成熟，但其能遏制反复入侵植物的暴发并驱动本地群落通过自组织的方式逐步形成高入侵抵抗力的群落。这种模式在长远上看，较传统模式更具优势。

1.3 研究内容和技术路线

1. 研究内容

（1）九里湖国家湿地公园植物组成特征调查：对九里湖国家湿地公园植物进行实地调查，调查内容包括植物种类、数量、分布、生长状况等。

（2）九里湖国家湿地公园植物多样性分析：在调查的基础上，从植物分类、生活型、观赏性、多样性、物种丰富度、均匀度等方面对九里湖国家湿地公园植物多样性进行分析。

（3）九里湖国家湿地公园植物区系组成：结合植物调查与相关资料，对九里湖国家湿地公园的植物区系组成进行分析，进而分析植物组成的合理性。

（4）九里湖国家湿地公园外来入侵植物分析：对九里湖国家湿地公园外来入侵植物的种类、入侵等级、入侵现状、分布等进行分析，在此基础上研究制定九里湖国家湿地公园外来入侵植物的防治对策。

（5）九里湖国家湿地公园植物多样性完善优化的意见和建议：针对九里湖国家湿地公园植物多样性存在的问题，提出完善的意见和建议，为九里湖国家湿地公园后续建设、改造和管理提供科学依据。

2. 研究技术路线

（1）查阅国内外相关文献，了解采煤塌陷区及湿地公园植物多样性的相关理论、调查和分析方法，作为本研究的基础。

（2）收集整理九里湖国家湿地公园相关资料，对九里湖国家湿地公园的水环境、土壤环境等生态环境特征、土地利用现状进行调查，分析采煤塌陷区植物多样性的主要影响因子。

（3）对九里湖国家湿地公园进行全面踏查，了解其湿地类型及植物分布状况，在此基础上确定植物多样性调查方法。

（4）对九里湖国家湿地公园的植物多样性进行现场调查，调查内容包括种类、数量、分布、生长状况等。

（5）对九里湖国家湿地公园的植物多样性及区系特征、外来入侵植物等进行研究和分析。

（6）分析九里湖国家湿地公园植物多样性的形成和维持机制，为九里湖国家湿地公园的植物多样性保护积累科学数据和提供科学依据。

第2章 九里湖国家湿地公园 自然特征与功能分区

2.1 九里湖国家湿地公园自然概况

1. 地理位置

九里湖国家湿地公园位于江苏省徐州市泉山区北部，北接铜山区，东以运煤铁路夹茅线支线东线为界，南到时代大道，西至西湖西侧河流（邓庄大沟）。地理坐标为北纬34°19′27.01″～34°20′44.20″，东经117°06′02.65″～117°07′22.14″，总面积250.62hm²，包括北湖、东湖、小北湖、西湖4个湖泊及其湖滨带区域。

2. 气候特点

九里湖国家湿地公园所在的徐州市处于暖温带半湿润气候区，全年受东南季风影响较大，年平均气温为14℃，年日照时数为2284～2495小时，日照率52%至57%，年均无霜期200～220天。主要气象灾害有旱、涝、风、霜、冻、冰雹等。气候特点是四季分明，光照充足，雨量适中，雨热同期。

徐州市年均降水量850mm，主要集中在夏季，以7～8月份降雨量最为集中，降雨期间大量降雨进入河湖，导致河湖水位上涨。进入秋季之后，随着降雨量的骤减，河湖水面会迅速回落收缩，有些湿地滩涂也会逐渐露出底质，甚至出现干涸龟裂的现象。

3. 水文特点

九里湖国家湿地公园与故黄河、拾屯河、丁万河以及京杭大运河共同构成了城北水网和生态屏障，是南水北调东线的重要节点，也是贯通故黄河与京杭大运河的纽带。与九里湖相关的水系中，除故黄河为自然河流外，其余均为人工灌渠。各河流上游均无自然水源补给，主要靠降雨和地下水补给，除故黄河外均流入东面的京杭大运河。故黄河又称废黄河，是历史上黄河长期侵泗夺淮遗留下来的故道；拾屯河是该区域的一条主要排水河道，担负着故黄河以北、以东及丁万河以北的防洪、排涝和灌溉任务。九里湖国家湿地公园向西主要通过管道连接故黄河的来水，向东通过排水沟渠与拾屯河、丁万河与京杭大运河相通（图2-1）。

九里湖国家湿地公园的水源主要有三方面补给：一是降水补给；二是地表水汇流，主要通过涵管连通故黄河与西湖，并且通过九里湖水环境治理工程贯通湿地公园内东湖与拾屯河，实现范围内给水与排水的协调；三是地下水渗漏，包括湿地公园内煤矿开采造成的地下水渗入和公园西侧的西湖湖水渗入。在建设以前，九里湖国家湿地公园内影响湿地水体的主要问题包括煤矿疏干水、工业废水、煤矸石和粉煤灰淋溶污染、垃圾填埋场渗滤液的污染等，经过湿地公园的建设与对周边环境的整治，污染源已基本清除。

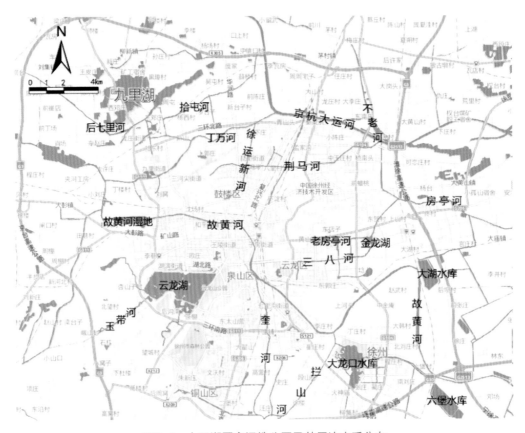

图2-1　九里湖国家湿地公园及其周边水系分布

4. 地质特点

徐州在大地构造上属于华北断块区的南部，地质条件及地质构造不太复杂，地震活动的频率和强度均较低。从地壳结构来看，徐州地壳厚度变化较小。莫氏面平均深36km左右，康氏面平均深20km，一般是西部较深。从构造运动来看，徐州属于苏北平原的大面积沉降区，地貌上表现为地势低平，在断陷盆地内的沉积物厚度较大。在断裂构造上，徐州地区断裂较为发育，按其规模大小和地质发展历史上所起的作用，最主要的是北、东向的断裂分布较广。徐州主要断裂带有：郯城-庐江断裂带、丰县-邳州断裂带、故黄河断裂带。

九里湖国家湿地公园位于华北地台南缘徐州断褶束的中段，东距郯庐深大断裂带约100km。内地层属于华北地区鲁西分区的徐宿地层小区，基地为太古界变质岩系；上元古界仅见青白口系、震旦系，为一套碎屑岩沉积；古生界寒武系-奥陶系中统以碳酸盐岩为主，下部夹碎屑岩；缺失奥陶系上统-石炭系下统；石炭系中-上统为碎屑系、煤层及灰岩互层；二叠系为碎屑岩夹煤层沉积。

九里湖国家湿地公园地势低洼，原为庞庄煤矿开采而形成的采煤塌陷地。庞庄煤矿从20世纪80年代便出现采空塌陷，导致矿区周围良田废弃，民房开裂，交通中断，村庄迁移。随着时间的推移，塌坑内常年积水，使得塌陷地外围不同程度的沼泽化，形成九里湖湿地。区内包括东湖、小北湖、西湖、北湖4个湖体，四周为陆地。九里湖地势西北高东南低，坡度为1：2000，海拔最低处24m，位于东湖水域中心。

5. 土壤特征

九里湖国家湿地公园处于黄淮海冲积平原，规划区内地势平坦，土壤主要类型为沙土（黏性沙土、沙底二合土）、轻盐碱土两大类，其中以黏性沙土为主，养分含量略高于一般沙土；沙底二合土表心土层轻壤至中壤，保肥供肥较协调，肥力较好；轻盐碱土含盐量较低，对作物危害程度亦较轻，遇到干旱年份返盐。土壤酸碱度绝大部分为弱碱性，只有很少一部分棕潮土为弱酸性。湿地公园内淤土地区地势低洼，水源条件好，土壤保肥能力强。

2.2　九里湖国家湿地公园建设概况

九里湖国家湿地公园是在庞庄煤矿采煤塌陷地基础上经过生态修复建成的湿地生态系统，因与九里山组成"湖光山色"而得名。庞庄煤矿于1965年7月投产，经过长达半个世纪的开采，逐步形成了一些地势低洼的塌陷湿地。随着时间的推移，塌坑内常年的积水使外围出现不同程度的沼泽化，陆生生态系统逐步转变为湿地生态系统。

2001年，为解决土地塌陷对耕地的破坏，减少土地流失，国土资源部批准了徐州市矿区重点土地复垦项目；2007年实施了九里湖湿地公园一期建设工程，即东湖景观建设工程，于当年10月竣工并对外开放；2008年实施了九里湖二期工程，即九里湖西湖工程。

2009年，中德合作的共建以九里湖生态修复为核心区的徐州生态示范区项目，逐步推进采煤塌陷地整治工作，同年又实施了九里湖湿地公园"北进东扩"工程，九里湖湿地公园范围内的西湖、东湖和小北湖3个湖泊的格局由此基本成形，北湖区域一直保持原始自然恢复状态。2013年1月，九里湖湿地公园被国家林业局授予"国家湿地公园（试点）"称号。自获批国家湿地公园（试点）后，在"全面保护、科学修复、合理利用、持续发展"原则指导下，以《国家湿地公园管理办法》等为依据，徐州市开展了一系列生态恢复和保护项目，努力推动国家湿地公园建设，先后大力实施了水系贯通工程，将故黄河水引入九里湖补水，加强内部水系贯通；通过水下涵管连通小北湖与西湖、西湖与东湖，实现了水系的有效贯通；积极推进截污改造工程，对湿地公园居民点布设生活污水排污管网，解决生活污水对湿地公园的影响；持续推动环境治理工程，先后关停、搬迁50余家企业；综合利用粉煤灰和煤矸石，坚决杜绝围网养殖，有效降解污染，改善水体，净化水质；对小北湖、西湖和东湖湖岸湖滨带进行湿地生态恢复，塑造水系，构建多样化的湿地生境，恢复湿地植被，构造野生动植物栖息地；加强对北湖南部区域和小北湖的生态保育，对北湖北侧原粉煤灰堆放场区域进行生态恢复工程。经过几年的建设与发展，九里湖东湖及西湖生态恢复基本完成，东湖与西湖、西湖与小北湖水体通过水下涵管实现了水系贯通，千余亩的水面碧波荡漾，水边芦苇摇曳，香蒲竞秀；湖面上，翩翩起舞的各种鸟类或游，或翔，勾画出一幅人与自然和谐共生的景象。2017年，九里湖被命名为"国家湿地公园"。

2.3 九里湖国家湿地公园的湿地类型与功能分区

1. 九里湖国家湿地公园的湿地类型

九里湖国家湿地公园总面积250.62hm²，其湿地类型分为河流湿地（永久性河流）、湖泊湿地（永久性淡水湖）、沼泽湿地（草本沼泽）、人工湿地（库塘）4类，湿地总面积达166.49hm²，自然湿地率达66.43%。园内湿地生境多样，各湿地类型之间连通性强，通过不同湿地之间的融合与衔接，形成了多种湿地组合的复合湿地生态系统（表2-1、图2-2）。

表2-1　九里湖国家湿地公园湿地类型面积统计表

序号	湿地类型	面积（hm²）	占湿地总面积比例（%）	占公园总面积比例（%）
1	河流湿地	8.70	5.22	3.47
2	湖泊湿地	114.03	68.50	45.5
3	沼泽湿地	31.31	18.8	12.49
4	人工湿地	12.45	7.48	4.97
5	合　计	166.49	100	66.43

图2-2　九里湖国家湿地公园湿地类型分布图

2. 九里湖国家湿地公园功能分区

九里湖国家湿地公园分为湿地保育区、恢复重建区、宣教展示区、合理利用区、管理服务区。功能分区分布合理，既能达到保护和修复生态的目的，又满足了公园可持续发展的需要（图2-3、表2-2）。

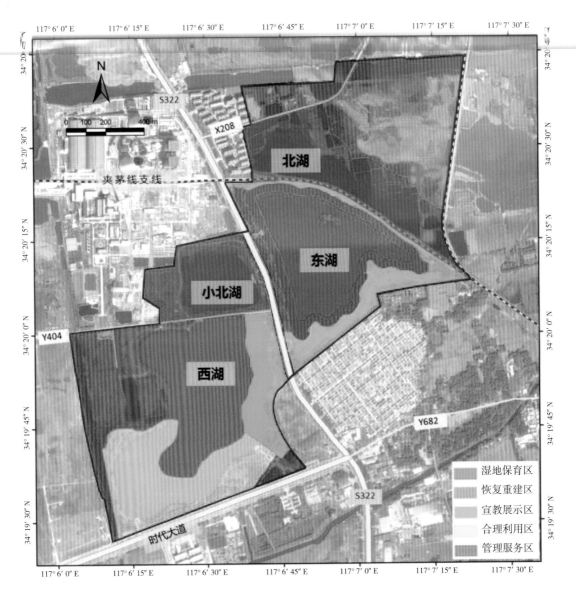

图2-3 九里湖国家湿地公园功能分区图

（资料来源：九里湖国家湿地公园总体规划）

表2-2 九里湖国家湿地公园功能分区

功能区	功能	面积（hm²）	比例（%）
湿地保育区	开展湿地保护与恢复，改善和丰富湿地生境类型，保护生物多样性，维持生态系统结构与功能的完整性	73.61	29.37
恢复重建区	恢复具有潜在生态价值的受损湿地，丰富湿地动植物多样性，恢复湿地生境，为湿地保育区提供缓冲和扩展的空间，使整个湿地生态系统达到良性循环状态	125.34	50.01
宣教展示区	充分利用湿地景观资源和深厚的历史背景，营造具有采煤塌陷地生态修复特色的湿地景观，开展湿地学习、湿地生态修复科普教育活动，以及相关的湿地的科研、监测活动及湿地文化的宣传保护	22.89	9.13
合理利用区	寓湿地文化于娱乐中，让游客体验湿地休闲生态文化。一方面，强化游客对湿地环境的保护意识，另一方面，又满足大众休憩游玩的要求	26.86	10.72
管理服务区	承担湿地管理、保护和服务功能，为游客提供全方位的旅游服务，也为湿地生态系统保护、开发管理提供平台支撑	1.92	0.77
合　计		250.62	100.00

（1）湿地保育区

湿地保育区包括东湖区域等深线大于1.5m的主体湖面区域、小北湖区域、北湖南部区域，面积73.61hm²，占规划范围总面积的29.37%。该区域湿地人为干扰少，有完整的大片水域和湖滨带湿地景观，生态完整性相对较好。

湿地保育区生态敏感度较高，主要功能为湿地保护与恢复、湿地生境类型改善和丰富、生物多样性保护、生态系统结构与功能完整性的维持等，最终实现生态系统结构合理、生物多样性丰富，生态功能有效发挥的目标，成为全国采煤塌陷区湿地生态系统保护及恢复的样板。该区除了根据需要设置一些为生物提供栖息场所和迁徙通道的小型设施、配置必要的科学研究和防护性设施及开展保护和监测等管理活动外，不进行任何与湿地保护和管理无关的活动。

（2）恢复重建区

恢复重建区包括东湖湖滨带区域及水体40～50m区域（等深线在1.5m以内的区域，

由岸边推进约40~50m)、西湖中心及北侧湖休、西湖西北侧陆地与池塘、西湖西侧河流区域,以及北湖北部受粉煤灰影响的区域,面积125.34hm²,占总面积的50.01%。恢复重建区的主要功能是恢复湿地生境,丰富湿地动植物多样性,为湿地保育区提供缓冲和扩展的空间,使整个湿地生态系统达到良性循环状态。

(3)宣教展示区

宣教展示区包括东湖南岸及北岸湖滨带区域、西湖东侧湖滨带区域(陆地部分及水深2m以内的水域),面积22.89hm²,占湿地公园总面积的9.13%。宣教展示区主要突出湿地的科普教育、生态展示、科研监测功能,建设涵盖多种类型的科普宣教与休闲旅游项目,以湿地植物、鸟类、水生动植物、采煤塌陷地生态修复、垃圾填埋场景观修复等相关知识内容的科普为基础,开发设计湿地植物长廊、演替之路等生态旅游的相关景点,结合多种生动有趣的宣教娱乐方式,提升湿地科普宣教效果。还通过开展互动参与性强的野外湿地知识教育、湿地鸟类和植物认知等活动,不断完善公园的科普宣教体系。

宣教展示区另设有科研监测项目,科研监测主要通过布设在公园范围内的监测点与监测站网,实现对公园湿地、鸟类、环境等的监测,实时了解公园的水质、水位、水量、空气、噪声、动植物多样性等环境指标状况,以便于湿地公园的长效动态管理。

(4)合理利用区

合理利用区包括北部至西湖2m等深线,西至西湖西侧河流东部河岸,南至时代大道,东至主入口广场平台区域,面积26.86hm²,占总面积的10.72%。

合理利用区主要功能为打造生态旅游亮点,营造适宜参观、旅游、休闲、度假的环境和氛围,以吸引游人。结合九里湖采煤塌陷地生态修复的湿地特点和当地文化特色,通过体现湿地成因、展示煤矿工业遗产和生态修复成果,与宣教展示区协同发展,共同打造湿地公园合理利用及徐州生态旅游精品。

(5)管理服务区

管理服务区分布在时代大道与省道S322线(徐丰公路)交界区域,面积1.92hm²,占园区总面积的0.77%,主要承担管理、保护和服务功能,是湿地公园的管理服务中心。

管理服务区建设有配套的湿地公园管理中心、游客接待中心、九里湖湿地科普馆、生态停车场等,并配套有相应的旅游服务设施、保护管理设施,以满足公园的管理服务需求。在管理处前建有集散广场,并配备齐全的标识标牌和主入口大型标志物,作为公园形象的窗口。

2.4　九里湖国家湿地公园的水环境质量

1. 水环境质量的调查和分析

1）采样点的布设

（1）水质采样点的布设

采样点的布设主要考虑以下原则：①对整个调查水域的某项指标或多项指标有较好的代表性；②在保证达到必要的精度和满足统计学样品数的前提下，布设的样点应尽量少；③兼顾技术指标和费用。

采样点的布设考虑的要素有：①湖泊水体的水动力条件；②湖泊面积、湖盆形态；③补给条件、出水及取水；④排污设施的位置和规模；⑤排污物在水体中的循环及迁移转化；⑥天然湖泊和人工湖泊的区别。本次调查所采集的为点样（在不同地点采集靠近水面或不同深度的不连续的样品），主要考虑前述要素①②⑤⑥。

（2）底质采样点的布设

底质相对于水质而言比较稳定，无论在时间上或空间上皆如此，因此底质采样点数量可以少一些，可在水质点样站位中选择部分有代表性的地点进行采样。一般来讲，在湖泊最深处、主要河流及排放口等的入湖口外（污水和湖水混合处）应设置采样点，同时还应考虑湖泊水动力特征，在一些具有特殊意义的地点，可酌情增设样点。

（3）本次采样点布设图

本次采样地点为九里湖东湖，按照湖面东西走向平均分布5个采样点，南北走向平均分布5个采样点。然而采样时受到湖面风力及采样船马力的影响，采样点有所偏离。图2-4所示为根据实际采样修正过的布点示意图。

2）调查内容

本次调查涉及以下内容：①污染源调查，包括调查湖泊流域及湖泊周围污染物，特别是营养性物质排入的数量、种类及排放方式与规律；②湖泊基本环境调查，包括气象调查、水文特征调查；③湖泊水体特征调查，包括水质调查、底质调查，具体内容见表2-3；④水环境质量的综合评价。

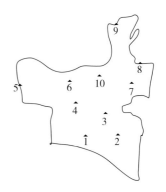

图2-4　九里湖湿地国家公园
水质检测采样布点示意图

表2-3 九里湖水质调查主要内容

调查项目	调查主要内容
水质调查	水温、透明度、氧化还原电位、TN、$NO_3^- - N$、$NO_2^- - N$、$NH_4^+ - N$、TP、DO、pH
底质调查	TN、TP

3）取样及分析方法

（1）水样的采集和保存

① 采样前准备：采样设备和样品储存器皿的材质可能对样品造成污染，为避免这些污染，本次的采样设备（指直接与样品接触部分）和水样瓶由有机玻璃和聚乙烯材料制成。在采样前采样器和水样瓶都经过清洗。采样过程中先用少量实际样品将水样瓶洗涤3次，再分装样品。

② 水样的采集和现场测定：采样时使采样瓶位于采样船的上游，以避免采样船对水质的影响。在现场测定溶解氧（DO）、pH值、水温、氧化还原电位，并使用硫酸将水样pH调节至pH＜1，然后密封。将现场测定的数据及天气状况记录在原始数据册上。

③ 水样保存：将现场经过酸固定的水样密封放置于冰箱保存。

（2）底质的采集和保存

本研究采用自制沉积物柱状采样器进行采样。布点结束后使用采样器直接采集，并以3cm为一个单位将所采集的底质分层装入已经标号的样品袋中封口保存，运输至实验室后开袋，用烘箱40℃将样品置于样品袋内直接烘干。测定前使用四分法取部分样品，用陶瓷研钵研磨后过100目尼龙筛，装入新样品袋待用。

（3）水质、底质的分析方法

水质、底质的分析方法见表2-4、表2-5。

表2-4 水质分析项目及方法

分析项目	分析方法	备 注
pH值	电极法	采样现场测定
溶解氧	电极法	采样现场测定

（续表）

分析项目	分析方法	备注
氧化还原电位	电极法	采样现场测定
透明度	塞克盘法	采样现场测定
总磷（TP）	钼酸铵分光光度法	—
总氮（TN）	紫外分光光度法	碱性过硫酸钾消解
NO_3^--N	酚二磺酸光度法	GB 7480—87
NO_2^--N	N—（1—萘基）—乙二胺光度法	GB 7479—87
NH_4^+-N	水杨酸—次氯酸盐光度法	—

表2-5　底质分析项目及方法

分析项目	分析方法	备注
总磷	碱熔—钼锑抗光度法	碳酸钠熔融
全氮	半微量开氏法	GB 7173—87

2. 九里湖水环境质量分析

1）pH值

浮游植物在光合作用过程中会吸附水中的碳酸盐，这一生化现象会引起水体pH值的改变，所以pH值可用于描述藻类生长活动。当各类营养物质适宜，pH＝8左右会促使水华发生。有研究证明，pH值对水生植物吸收富营养化水体中的氮、磷等元素有极大的影响，并且在湖泊沉积物磷释放的模拟实验中发现强酸（pH＝2.0）和碱性条件皆利于磷的释放。

本次调查所得九里湖东湖各采样点pH值见表2-6、图2-5。

表2-6　九里湖东湖各采样点pH值

采样点	1	2	3	4	5	6	7	8	9	10
pH	8.18	8.29	8.29	8.36	8.20	8.14	8.11	8.25	8.08	8.32

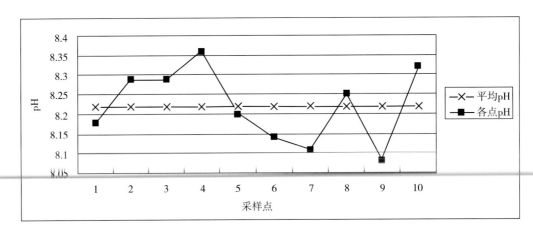

图2-5　九里湖东湖各采样点pH值

各采样点pH值根据Dixon检验法检验皆为统计概念上的正常值。计算九里湖本次采样pH值数据可知，九里湖湖水的pH值为8.22±0.09，各采样点pH值均在8以上，属于碱性水体，处于水华易发生的范围内。

资料显示，徐州总体降水中出现酸性降水的概率为13.4%，与此相应，出现碱性降水的概率为86.6%，其中较强和强碱性降水的概率分别达28.0%和10.2%。由此推测，九里湖呈现弱碱性是受到碱性降水的影响。

2）溶解氧（DO）

水体中的溶解氧变化主要受到富氧作用和耗氧作用的影响。富氧作用即大气中的氧和植物光合作用生成的氧进入水体的作用，耗氧作用则是各种微生物及水生生物的生命过程消耗水中的氧气，以及有机质分解、无机质氧化等各种耗氧作用的总和。除此之外，水体中溶解氧的分布还受到溶解平衡条件、湖泊水动力条件等因素的影响。

溶解氧是反映湖泊水体系统中氧平衡的重要指标，也是表征水体中耗氧性污染物数量的综合指标。若深水层中的溶解氧降低到无氧状态时，会促使底泥中高价铁、高价锰还原成亚价离子，增加溶解性的铁、锰离子浓度，导致底泥中磷等营养物质向湖水释放，所以溶解氧不仅决定了水体中氧化还原电位等物理化学现状，还影响着湖泊水体中氮、磷等营养元素的分解转换和沉淀过程。通过测定水体中的溶解氧，可以在一定程度上分析水体的自净能力，同样条件下溶解氧高的水体代表其自净能力相对较强。当水华发生时，水体中的溶解氧有一个明显的由骤增到骤减的起伏变化趋势，当水中的溶解氧低于4mg·L^{-1}时，鱼类等水生动物便会大量死亡，所以溶解氧是研究湖泊健康状况的一个重要指标。

本次调查所得九里湖东湖各采样点DO值见表2-7、图2-6。

表2-7 九里湖东湖各采样点DO值

采样点	1	2	3	4	5	6	7	8	9	10
DO（mg·L⁻¹）	6.65	7.75	6.50	7.00	7.30	6.79	7.60	9.34	8.50	5.05

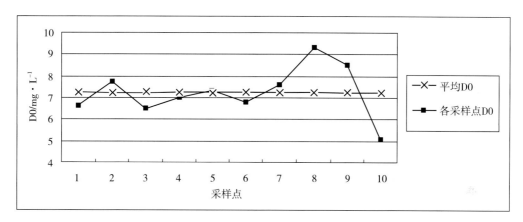

图2-6 九里湖东湖各采样点DO值

各采样点DO值根据Dixon检验法检验皆为统计概念上的正常值。计算数据可知，本次调查九里湖湖水的DO值为7.25±1.17mg·L⁻¹。

调查表明九里湖水体温度13.88±0.41℃，由温度溶解氧的关系公式计算，可得出饱和溶解氧浓度为10.2～10.4mg·L⁻¹。取算术平均值10.3mg·L⁻¹，饱和率90%时溶解氧浓度应为9.27mg·L⁻¹。最低值5.05mg·L⁻¹，饱和率为49%；最高值9.34mg·L⁻¹，饱和率为91%，差别较大。

一般清洁河流、湖泊溶解氧值可大于7mg·L⁻¹。由此看出，在溶解氧指标上，九里湖水质属于健康。变动较大的3个数值，其中第8采样点位于湖边水生鸢尾群落处，由于植物光合作用影响溶解氧值较高，第9采样点有滨岸植物群落影响，第10采样点溶解氧过低的现象暂时无法分析，在日后的调查中应着重调查。

3）透明度（SD）

透明度指从水面恰好无法观察到塞克盘时从水面到塞克盘之间的距离，它是用来衡量作为湖泊初级生产力主要能源的光随着水体深度分布情况的指标，能够直观反映湖水清澈和浑浊程度、湖水透明度与光学衰减系数、漫射衰减系数之间的关系，并可用于估算真光层深度以计算湖泊初级生产力。

透明度是湖泊富营养化的判断标准之一，可以用来反映水体中悬浮物质和浮游藻类数量的水平。通常透明度越大表明悬浮物质和浮游藻类数量越小，透明度越小则表明数量越多，但是浮游生物对透明度的影响往往存在着季节规律性变化，而悬浮物质如泥沙等通常一年四季影响差别不大。

透明度还受到太阳辐射、湖水理化性质、气象状况等因素的影响，特别是风浪增加到一定临界值时就会掀起湖底泥沙，从而大大降低了水体透明度。湖心区往往风浪较大，这也是湖心区湖水透明度较低的原因。

本次调查所得九里湖东湖各采样点透明度见表2-8、图2-7。

表2-8　九里湖东湖各采样点透明度

采样点	1	2	3	4	5	6	7	8	9	10
透明度（m）	0.60	0.50	0.64	0.43	0.64	0.64	0.54	0.5	0.59	0.40

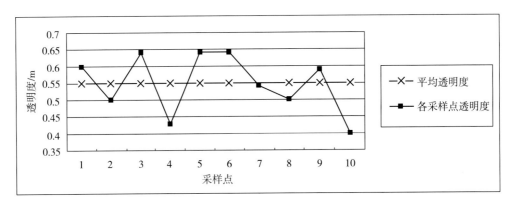

图2-7　九里湖东湖各采样点透明度

各采样点透明度根据Dixon检验法检验皆为统计概念上的正常值。通过计算可知，九里湖的透明度为0.55±0.09m。湖东及东南岸丝状藻群落较密集，处于平均值以下的第2、第7、第8点应该受到了丝状藻的影响，第4点位于风力较大的湖心区，使得透明度偏低。与溶解氧状况相近，第10点透明度偏低的情况需要综合后续调查研究考虑。九里湖水体深度平均约1~2m，但最深处有7~8m。透明度水平与太湖及徐州云龙湖透明度值相近。湖泊富营养化的特征评价法中根据透明度来区分湖泊富营养同贫营养的界限为5m，以此可见九里湖透明度偏低，但不能判断营养状况程度，也同样说明在使用生物净化技术时，由于透明度偏低，深层水光强不足，应该慎重选择沉水植物。

4）氧化还原电位（Eh）

氧化还原电位是用以衡量水体氧化还原能力的指标，它虽然不能精确量化表示水体中氧化物质和还原物质的浓度，但可以在一定程度上大致反应存在的氧化还原物质的种类。氧化还原电位还可以反应水体的自净能力，氧化还原电位高则表明水体氧化能力强，即处理还原性有机物强，同时，高氧化还原电位水体有利于好氧微生物生长，反之则适宜厌氧微生物生长。在一个环境中是否存在某种类型的微生物常常能够根据环境的氧化还原电位进行判断。

本次调查所得九里湖东湖各采样点氧化还原电位值见表2-9、图2-8。

表2-9 九里湖东湖各采样点氧化还原电位值

采样点	1	2	3	4	5	6	7	8	9	10
Eh（mv）	58.5	74.8	70.6	72.7	89.6	92.2	83.3	57	99.1	38

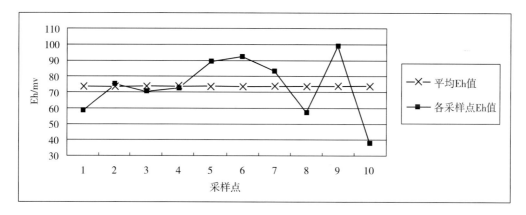

图2-8 九里湖东湖各采样点氧化还原电位值

各采样点Eh根据Dixon检验法检验皆为统计概念上的正常值。通过计算可知，本次调查九里湖监测Eh值为73.6±18.6mV。

5）氮

氮是研究湖泊水体富营养化的重要元素之一。大量含氮的营养物质进入湖泊水体，与磷一同作用，引起藻类等浮游生物的大量增加，引发水华，从而造成湖泊水体的富营养化。

本次调查所研究的氮项目有总氮（TN）、硝酸盐氮（$NO_3^- -N$）、亚硝酸盐氮（$NO_2^- -N$）、氨氮（$NH_4^+ -N$）。

总氮是指水中所含氮化合物的总量，它包括氨氮、硝酸盐氮、亚硝酸盐氮和有机氮，含量用（N，$mg \cdot L^{-1}$）来表示。当氮是限制因素时，若总氮浓度超过$0.3\,mg \cdot L^{-1}$，藻类会过量繁殖。

氨氮是水体中的营养素，可导致水富营养化现象产生，是水体中的主要耗氧污染物，对鱼类及某些水生生物有毒害。

亚硝酸盐氮为水体中含氮有机物进一步氧化，在变成硝酸盐过程中的中间产物。水中存在亚硝酸盐时表明有机物的分解过程还在继续进行，亚硝酸盐的含量如太高，即说明水中有机物的无机化过程进行得相当强烈，表示污染的危险性仍然存在。

硝酸盐氮是含氮有机物氧化分解的最终产物。如水体中仅有硝酸盐含量增高，氨氮、亚硝酸盐氮含量均低甚至没有，说明污染时间已久，现已趋向自净。

本次调查中各种氮指标含量及比较见表2-10，图2-9～图2-14。从此处开始由于第10采样点处所采集水样在保存过程中受到破坏，故非现场测定的水样指标中第10采样点数据缺失。

表2-10 九里湖东湖各项氮指标测定值

指标（mg/l）＼采样点	1	2	3	4	5	6	7	8	9
TN	0.32	1.33	0.34	0.38	0.21	0.38	0.29	0.26	0.3
$NO_3^- - N$	0.12	0.16	0.13	0.12	0.09	0.11	0.1	0.17	0.11
$NO_2^- - N$	0.0041	0.0047	0.0059	0.0044	0.0031	0.0047	0.0044	0.0286	0.0043
$NH_4^+ - N$	0.16	0.13	0.16	0.20	0.11	0.16	0.18	0.12	0.18

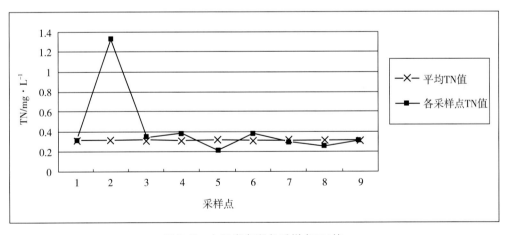

图2-9 九里湖东湖各采样点TN值

图2-9中平均TN取值采用算术平均值0.31mg·L^{-1}。

根据Dixon检验法检验，第2点数据为统计概念上的离群值，故在计算采样数据的算术平均值时将其舍弃。通过计算可知，本次调查九里湖监测TN为0.31±0.06 mg·L^{-1}。总氮平均值已超过引发水华的最低限度值0.20mg·L^{-1}。

第2点位于丝状藻密集区，测定值过高有可能受到了丝状藻群落的影响，但不排除实验误差或采样过程受污染的可能性。

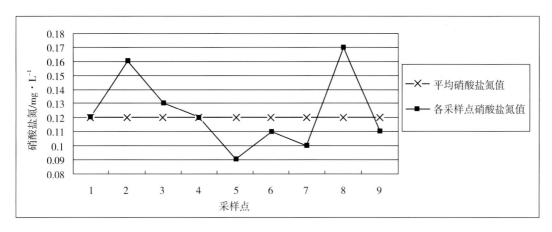

图2-10　九里湖东湖各采样点NO$_3^-$-N值

图2-10中平均硝酸盐氮取值采用算术平均值0.12mg·L^{-1}。

各采样点硝酸盐氮值根据Dixon检验法检验皆为统计概念上的正常值。通过计算可知，本次调查九里湖的监测硝酸盐氮值为0.12±0.03mg·L^{-1}。

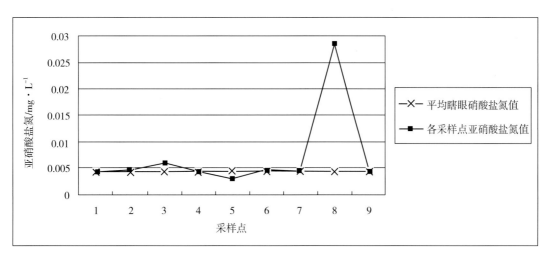

图2-11　九里湖东湖各采样点NO$_2^-$-N值

图2-11中平均亚硝酸盐氮取值为算术平均值经四舍五入法取0.0044mg·L^{-1}。

根据Dixon检验法检验，第8点数据为统计概念上的离群值，故在计算采样数据的算术平均值时将其舍弃。通过计算可知，本次调查九里湖监测亚硝酸盐氮值为0.0044±0.0008 mg·L⁻¹。第8采样点虽位于滨岸鸢尾群落处，但同样位于滨岸鸢尾群落处的第5采样点数值正常，故排除此项影响可能性。

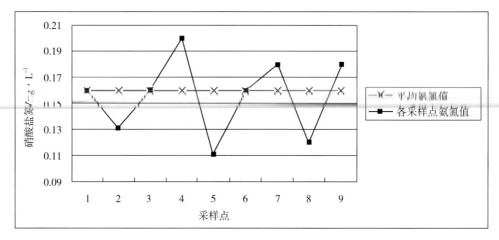

图2-12　九里湖东湖各采样点NH_4^+-N值

图2-12中平均氨氮值采用算术平均值0.16mg·L⁻¹。

各采样点氨氮值根据Dixon检验法检验皆为统计概念上的正常值。通过计算可知，本次调查九里湖监测氨氮值0.16±0.03mg·L⁻¹。

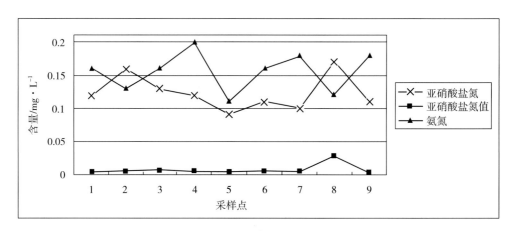

图2-13　3种氮指标比较

由图2-13可知，3种形态氮中以氨氮和硝酸盐氮为主。氨氮和硝酸盐氮可以直接被水生植物及藻类等利用，两者共存时，氨氮会首先被利用，其次为硝酸盐氮，但是氨氮和硝酸盐氮会影响沉水植物的生理活动和生长，并且影响其对其他养分的吸收。有研究表明，水体中氨氮含量的升高（氨氮含量与硝酸盐氮含量比值大于1时）会导致轮叶黑藻的相对生长率、叶绿素含量和可溶性糖含量明显下降，一定程度上说明氨氮的增长会对沉水植物形成内在生理伤害，这也被认为是湖泊富营养化过程中沉水植物退化的因素之一，故除了透明度偏低的影响之外，这也是应避免选择沉水植物来净化水体的原因。

由图2-13可知，3种形态氮在各采样点变动趋势成一定的正相关性，并且总体表现为氨氮值>硝酸盐氮值>亚硝酸盐氮值，仅在第2点和第8点出现异变。已知氮三态的转化关系为亚硝化菌将氨氮氧化为亚硝酸盐氮后，再进一步氧化成硝酸盐氮。从图2-6可知，第5点及第8点的溶解氧都在平均值以上，尤其第8点溶解氧极高，故推测由于充足的溶解氧使得氮的氧化过程加速，氨氮由于被氧化所以含量变低，相应硝酸盐氮和亚硝酸盐氮含量升高，故第2点和第8点氨氮值低于硝酸盐氮值及第8点亚硝酸盐氮值偏高在理论上是可行的。

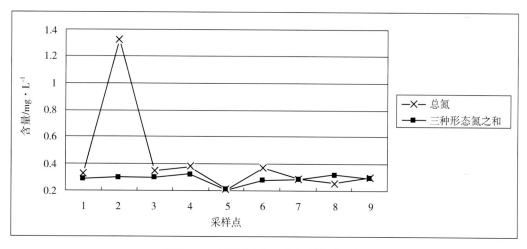

图2-14 3种形态氮之和与总氮值比较

本次调查进行水样测试时3种形态氮皆通过0.45μm滤膜过滤，即所得3种形态氮皆为可溶解性氮。由图2-14可以判断，第2点的总氮值异常应该为实验失误造成。第8点的总氮值小于3种形态氮之和，也为异常点。上文已经解释第8点硝酸盐氮和亚硝酸盐氮过高并非实验误差，虽在上文计算亚硝酸盐氮平均值时已经给予判断亚硝酸盐氮在此点处的值为离群值，予以舍弃，但是亚硝酸盐氮数值本身较小，并不足以使3种形态氮之和超越总氮，因此判断此点异常为总氮值实验误差造成。

6）总磷（TP）

同氮一样，湖泊水体中的磷也是评价湖泊富营养化水平的重要指标。本次调查TP含量见表2-11、图2-15。

表2-11 九里湖东湖各采样点TP值

采样点	1	2	3	4	5	6	7	8	9
TP（mg·L⁻¹）	0.085	0.136	0.085	0.132	0.114	0.096	0.118	0.085	0.180

根据Dixon检验法检验，第9点为偏离值，在此处算术平均值计算时仍保留。通过计算可知，本次调查九里湖TP监测值0.116±0.03mg·L⁻¹，此浓度已经远远超过富营养化限0.02mg·L⁻¹。各采样点浓度变化较大，根据采样点分析规律并不明显，只能判断第9点数值过大是因为附近营养元素的影响，第8点数值较小，则是滨岸植物群落的净化效果。

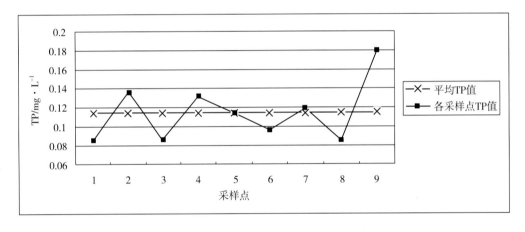

图2-15 九里湖东湖各采样点TP值

3. 底质调查

造成湖泊富营养化的营养元素除了通过自然及人为水循环进入水体外，还有可能通过湖泊底质释放，因此调查湖泊底质是了解湖泊富营养化组成的必要环节之一。湖泊底质中的氮、磷极有可能成为"次生污染源"及"内污染源"，所以氮、磷元素也是底质调查的重要指标。

底质采样的深度取决于九里湖底泥的埋深，各采样点所取得的底质深度并不相同。以下图表为初步处理所得数据。各采样点采集底质均以3cm为一层分层。分层标号以底泥由上至下依次递增。最上层污泥为1，以此类推。

（1）总磷

表2-12　底质分层TP值

TP (mg·kg⁻¹) 采样点	分　层				
	1	2	3	4	5
1	162	188	198	184	188
2	150	116	152	148	158
3	190	166	192	174	
4	198	178	172	168	
5	176	160	174	172	
6	168	72			
7	210	194	204	98	
8	218	204	242		
9	146	138			
10	202	32	192	200	282

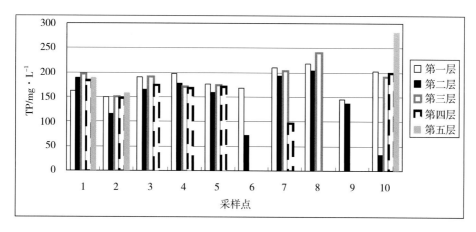

图2-16　底质分层TP值

（2）总氮

表2-13　底质分层TN值

TN (mg·kg⁻¹) 采样点	分　层				
	1	2	3	4	5
1	50	50	83	45	44
2	44	56	50	33	28

（续表）

采样点 / TN（mg·kg⁻¹）	分 层				
	1	2	3	4	5
3	83	44	39	67	
4	100	117	78	78	
5	106	106	112	95	
6	100	167			
7	61	100	133	94	
8	151	133	94		
9	89	151			
10	39	44	39	33	22

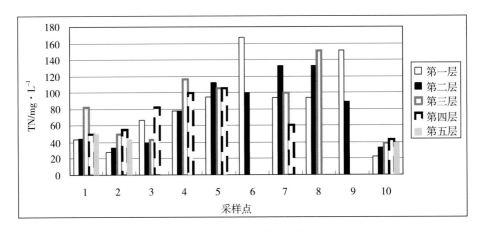

图 2-17　底质分层 TN 值

由表2-12、表2-13、图2-16、图2-17可以看出，本次调查的底质中各层总磷及总氮含量分布规律并不算明显。最上层底质并非都比下层底质所含营养物质浓度高，甚至多点都呈现先升高后降低的趋势。相比总磷，总氮最底层样品浓度低于最上层样品的总体趋势更明显。王永华等在研究底泥污染物分布时将底泥分为3个层次：表层、过渡层及正常湖泥层，其中污染物质的分部应为污染层＞过渡层＞正常湖泥层。而本次调查所显示规律并不符合这一特性，这也许是九里湖底质中的营养元素并非来自湖水，而是本身携有，经由底质逐渐向水体释放的缘故。

由于样品分层最多不过5层，使用Dixon法排除采样点的方式明显并不适用，以故此处增加能够突出高值影响的内梅罗（Nemerow）平均值。各采样点总氮、总磷平均值结果见表2-14。

表2-14 底质调查结果平均值

采样点		1	2	3	4	5	6	7	8	9	10
算术平均值	TP（mg·kg⁻¹）	184	145	181	179	171	120	177	221	142	182
	TN（mg·kg⁻¹）	54	42	58	93	105	134	97	126	120	35
内梅罗平均值	TP（mg·kg⁻¹）	191	152	187	189	174	146	194	232	144	237
	TN（mg·kg⁻¹）	70	49	72	106	109	151	116	139	136	40

查阅资料可知，江苏太湖表层沉积物总磷含量为360~510mg·kg⁻¹，总氮含量平均1171mg·kg⁻¹，安徽巢湖表层沉积物总磷含量为450~560mg·kg⁻¹，福州西湖表层沉积物总磷含量在700~830mg·kg⁻¹。太湖及巢湖都为富营养级的湖泊，经由数字对比，可看出在底质水平上九里湖营养程度要低于太湖、巢湖及福州西湖。

4. 九里湖水环境质量现状综合评价

1) 地表水环境质量标准评价

本次调查以调查的温度，溶解氧，pH值，氨氮，总磷，总氮六项指标参照《地表水环境质量标准（GB 3838—2002）》对水质进行评价。

根据九里湖水体功能判定九里湖应达到Ⅲ类水标准要求。

由前文得出的各类指标算术平均值粗略估计，九里湖水质除总磷项外其余皆可达到Ⅱ类水要求。除算术平均值外还计算出各采样指标的内梅罗平均值用以评价，如表2-15所示。

表2-15 水质指标评价 单位：mg·L⁻¹

水质指标	pH值（无量纲）	溶解氧	氨氮	总磷	总氮
Ⅱ类标准	6~9	6	0.5	0.025	0.5
Ⅲ类标准		5	1.0	0.05	1.0
算术平均值	8.22	7.25	0.16	0.115	0.31
内梅罗平均值	8.29	6.25	0.18	0.151	0.35

上表中溶解氧项的内梅罗平均值取算术平均值和样本内最小值计算。

水质中总磷含量只能符合Ⅴ类水指标，故主要污染指标为TP。

2) 九里湖水环境质量综合评价

（1）九里湖各项水样指标的调查值：SD0.55±0.09m；pH8.22±0.09；Eh73.6±18.6mV；DO7.25±1.17mg·L⁻¹；TP 0.115±0.03mg·L⁻¹，氨氮0.16±0.03mg·L⁻¹；亚硝酸盐氮0.0044±0.0008mg·L⁻¹；硝酸盐氮0.12±0.03mg·L⁻¹；TN0.31±0.06mg·L⁻¹。

（2）TN与TP之比小于7：1，TN为限制因素，已经超过水华发生限制值0.2mg·L⁻¹。

（3）除TP只能符合Ⅴ类水标准外，其余指标皆符合Ⅱ类水标准。富营养化评价为重度富营养，主要污染指标为TP。

（4）底质所含营养元素远低于巢湖、太湖等富营养化湖泊。

2.5　九里湖国家湿地公园土壤的重金属污染情况

1.　土壤重金属污染的测定方法

在九里湖东湖、西湖以及小北湖的东、南、西、北各设1个，共计12个采样点，每个样点的样品分0～20cm、21～40cm、41～60cm共3个深度采集后等量混合，样品采集后装标本袋密封，带回实验室进行处理。

土壤风干后磨碎，过20目筛。用四分法取部分土样进一步研磨，过100目塑料筛，备用。称0.3g样品，放置于聚四氟乙烯坩埚中，加2～3滴去离子水湿润样品，加入8ml氢氟酸、10ml硝酸和1ml高氯酸，先低温消煮约1h，接着升高温度至坩埚内消煮液保持微小气泡溢出，待坩埚内容物呈糊状时，沿坩埚壁加入2ml硝酸，继续加热并蒸至糊状，取下坩埚稍冷，往坩埚内加2ml浓硝酸和水（1:1）加热溶解残留物。用去离子水洗入25ml容量瓶中，冷却后定容，摇匀过滤。每个样品3次重复，同时作空白对照。称取0.5g植物样品于三角瓶中，加入硝酸和高氯酸（5:1）混合酸10ml，在通风柜中消煮至溶液澄清，加入2ml浓硝酸和水（1:1），消煮至白烟冒尽。将煮好的溶液移到25ml容量瓶定容，摇匀后置于样瓶中待测。土壤和植物的待测液用美国PE公司的电感耦合等离子仪测定Cr、Cu、Zn、Cd、Pb的含量。重复3次，同时做空白对照。

2.　土壤的重金属污染情况

土壤重金属富集特征采用重金属含量实际值及富集指数分析，富集指数分为单因子指数法和综合指数法，参考标准采用研究区土壤重金属含量的自然背景值，相应的评价结果称之为元素富集。

（1）单因子指数法

$$P_i = C_i/S_i$$

式中，P_i——土壤重金属i的单因子指数；

C_i——土壤重金属i的实测浓度；

S_i——土壤重金属i的土壤环境背景值。

徐州地区土壤重金属自然背景值见表2-16。

表2-16 徐州地区土壤重金属自然背景值

重金属类型	Cr	Cu	Zn	Cd	Pb
环境背景值（mg/kg）	61	22.6	72.4	0.097	26

（2）综合指数法即内梅罗（N. C. Nemerow）指数法

$$P = \sqrt{\frac{\frac{1}{n}\sum_{i-1}^{n}{}^2 + (\max(P_i))^2}{2}}$$

式中，P_i——土壤中各种所测重金属的单因子指数平均值；

max（P_i）——土壤中各重金属元素单因子指数的最大值。

（3）质量分级标准

一般 $P_i \leqslant 1$，无富集（无污染）；$1 < P_i \leqslant 2$，轻度富集；$2 < P_i \leqslant 3$，中度富集；$P_i > 3$，过度富集。即Ⅰ安全级：土壤污染物实测值与土壤背景值相近，属清洁区（$P_i \leqslant 1$）；Ⅱ轻污染级：土壤污染物实测值高于污染起始值，土壤受到污染（$1 < P_i \leqslant 2$）；Ⅲ中污染级：土壤污染物实测值超过污染起始值1倍，植物生长受到抑制（$2 < P_i \leqslant 3$）；Ⅳ重污染级：土壤污染物实测值超过污染起始值2倍，植物受害严重（$P_i > 3$）。

九里湖国家湿地公园土壤重金属含量及富集指数见表2-17

表2-17 不同植物生长区域土壤重金属元素含量

	重金属	Cr	Cu	Zn	Cd	Pb
含量（mg/kg）	范围值	52.71~85.13	18.15~45.28	58.65~86.92	1.88~3.21	17.58~36.14
	平均值	77.14	32.02	61.38	2.81	33.35
污染指数	单一污染指数	1.26	1.42	0.85	28.97	1.28
	综合污染指数	21.03				

土壤中重金属元素的含量既与母岩及成土母质有密切的关系，又受到局部环境质量状况等因素的影响。由表2-17可以看出，九里湖湿地公园土壤中5种重金属的平均含量由高到低的顺序为：Cr > Zn > Pb > Cu > Cd，平均含量分别为77.14mg/kg、61.38mg/kg、33.35mg/kg、32.02mg/kg、2.81mg/kg。

Cd、Cu、Pb、Cr、Zn平均单因子富集指数分别为28.97、1.42、1.28、1.26和0.85，表明5种重金属中Cd过度富集，Cu、Pb、Cr轻度富集，Zn无富集，平均综合污染指数为21.03，主要污染物为Cd。

第3章 九里湖国家湿地公园植物多样性调查与分析

植物多样性是指地球上的植物及其与其他生物、环境所形成的所有形式、层次、组合的多样化，包括遗传多样性、物种多样性、生态系统多样性和景观多样性。植物多样性是衡量采煤塌陷区生态修复和湿地公园生态系统质量的重要指标，研究采煤塌陷区湿地公园的植物多样性，对丰富采煤塌陷区湿地公园植物多样性，构建多样、稳定、和谐的采煤塌陷区湿地公园生态系统具有重要意义。

3.1 调查与分析方法

1. 调查方法

调查对象为九里湖国家湿地公园东湖、西湖、小北湖和北湖的植物，调查时间为2020年9月—2023年9月，调查采用普查和样方调查相结合的方法。

东湖、西湖的所有植物和小北湖的乔木、灌木采用普查的方法，调查内容包括植物的种类、规格、数量、生长状况等；小北湖的草本植物采用样方调查的方法，样方选择在草本植物丰富的主干道两侧，每隔20m设一个样方，共设样方106个，样方面积为1m×1m；北湖植物分布稀疏，数量少，故主要调查其种类，采用沿湖岸踏查的方法，逐一记录发现的植物种类。植物种类的鉴别以《中国植物志》和中国植物图像库为主要依据，外来入侵植物的种类鉴定、入侵等级及原产地的主要依据是《中国入侵植物名录》《生物入侵：中国外来入侵植物图鉴》《国家重点管理外来入侵物种名录（第一批）》等。

2. 分析方法

植物多样性分析采用Simpson指数（D）、Shannon–Wiener指数（H）、Margalef丰富度指数（R）和Pielou均匀度指数（J），具体计算公式如下：

$$D = 1 - \sum_{i=1}^{s} P_i^2$$

$$H = -\sum_{i=1}^{s} P_i \ln P_i^2$$

$$R = (S-1) / \ln N$$

$$J = H / H_{max}$$

$$H_{max} = \ln S$$

式中，S——调查区域内植物物种的总数量；

　　　i——第i种物种；

　　　P_i——物种i的个体在总个体数中的比例；

　　　N——调查区域内所有植物个体的总数量；

　　　H_{max}——调查区域内最大的植物物种多样性指数。

3.2　九里湖国家湿地公园的植物多样性特征

1. 植物的科属种组成

九里湖国家湿地公园共有植物104科305属439种，其中被子植物有97科294属421种，占种总数的95.9%，裸子植物有4科8属14种，占种总数的3.19%；蕨类植物有3科3属4种，占种总数的0.91%。被子植物在科、属、种的占比均大于90%，其中单子叶植物17科66属90种，占种总数的20.5%；双子叶植物80科228属331种，占种总数的75.4%，在九里湖国家湿地公园种的组成中占据绝对优势（表3–1）。

表3-1　九里湖国家湿地公园植物类型统计

类别	类型	科数	科数占比（%）	属数	属数占比（%）	种数	种数占比（%）
蕨类植物门		3	2.88	3	0.98	4	0.91
裸子植物门		4	3.85	8	2.62	14	3.19
被子植物门	单子叶植物	17	16.35	66	21.64	90	20.50
	双子叶植物	80	76.92	228	74.75	331	75.40
	小计	97	93.27	294	96.39	421	95.90
合计		104	100.00	305	100.00	439	100.00

　　九里湖国家湿地公园植物种数≥10的优势科有8科，分别为菊科（Asteraceae）、禾本科（Poaceae）、蔷薇科（Rosaceae）、豆科（Fabaceae）、唇形科（Labiatae）、木樨科（Oleaceae）、十字花科（Cruciferae）和百合科（Liliaceae），共含植物204种，这8个科仅占总科数的7.69%，但其包含的种在总种数的占比高达46.47%；含2~9种的有55科，共含194种，占总种数的44.19%；仅含1种的单种科有41科，占总种数的9.34%。

　　九里湖国家湿地公园植物种数≥5的优势属有5属，分别为李属（Prunus）、蒿属（Artemisia）、柳属（Salix）、蓼属（Polygonum）和女贞属（Ligustrum），包含植物30种，占总种数的6.83%；含2~4种的有76属，共含185种，占总种数的42.14%；仅含1种的单种属有224属，占总种数的51.03%（表3-2）。

表3-2　九里湖国家湿地公园植物的优势科和优势属

科	种数	种数占比（%）	属	种数	种数占比（%）
菊科	49	11.16	李属	8	1.82
禾本科	48	10.93	蒿属	7	1.59
蔷薇科	33	7.52	柳属	5	1.14
豆科	27	6.15	蓼属	5	1.14
唇形科	13	2.96	女贞属	5	1.14
木樨科	12	2.73	——	——	——
十字花科	11	2.51			
百合科	11	2.51			
合计	204	46.47	合计	30	6.83

四大湖区中，小北湖的植物种类最丰富，该区植物的科、属、种分别占公园总数的68.27%、59.02%和53.08%，其次是西湖和东湖，两个湖区科属种的占比相近，均处于公园的平均水平，北湖科、属、种的占比最小，分别占公园总数的37.50%、24.92%和20.96%（表3-3），说明在采煤塌陷区的生态修复中，修复模式对植物种类有着重要影响，过多的人工干预和不加任何人工干预都不利于植被的恢复和植物多样性的保护。小北湖、西湖、东湖在修复初期都进行了地形整理、土壤重构、植被恢复等修复工作，植被、土壤环境的改善等有利于植被的恢复和群落正向演替，同时大量植物的引种，为植物繁衍提供了丰富的种源，促进了植物多样性的提高，但东湖、西湖生态修复完成后按照城市公园绿地的管理模式进行管理，过多的人工干预制约了植物多样性的发展；小北湖生态修复完成后则基本处于自然修复状态，加上水、土等生境条件得到改善，为物种的生长创造了条件，植物种类不断丰富；北湖则完全靠自然恢复，而自然恢复过程相对缓慢，往往需要50～100年，甚至数百年，加上生长条件差，种源缺乏，导致植物种类贫乏。

表3-3 九里湖国家湿地公园各湖区植物科属种构成及占比

湖区	科数	科数占比（%）	属数	属数占比（%）	种数	种数占比（%）
小北湖	71	68.27	180	59.02	233	53.08
东湖	62	59.62	125	40.98	168	38.27
西湖	68	65.38	135	44.26	177	40.32
北湖	39	37.50	76	24.92	92	20.96
整个公园	104	100.00	305	100.00	439	100.00

2. 植物的生活型组成

九里湖国家湿地公园植物的生活型可分为乔木、灌木、藤本、草本植物、水生植物、竹类、蕨类7类。乔木、灌木、草本植物、藤本植物的比例为1∶0.69∶2.76∶0.25（表3-4）。

表3-4 九里湖国家湿地公园植物种数构成情况

植物类型	科数	属数	种数	种数占比（%）
乔木	33	56	84	19.14
灌木	26	41	58	13.21
藤本	14	17	21	4.78
草本植物	47	171	232	52.85

（续表）

植物类型	科数	属数	种数	种数占比（%）
水生植物	22	31	36	8.20
竹类	1	2	4	0.91
蕨类	3	3	4	0.91

（1）乔木

九里湖国家湿地公园中，乔木种类较为丰富，共有33科56属84种，在所有类型植物中占比19.14%，其中常绿乔木有20种，占乔木总种数的23.81%，主要包括侧柏（Platycladus orientalis）、女贞（Ligustrum lucidum）、雪松（Cedrus deodara）、椤木石楠（Photinia bodinieri）等；落叶乔木64种，占76.19%，主要有水杉（Metasequoia glyptostroboides）、重阳木（Bischofia polycarpa）、银杏（Ginkgo biloba）、毛白杨（Populus tomentosa）、乌桕（Triadica sebifera）等，常绿乔木与落叶乔木的比例为2.38：7.62，常绿乔木比例偏低，在一定程度影响了冬季景观效果。

（2）灌木

灌木造型多样且具有较强的观赏性，对于园林景观空间的营造具有重要作用。九里湖国家湿地公园中共有灌木26科41属58种，占公园植物总种数的13.21%，其中常绿灌木有20种，占灌木总种数的34.48%，主要有红叶石楠（Photinia×fraseri）、小叶黄杨（Buxus sinica var.parvifolia）、海桐（Pittosporum tobira）、金森女贞（Ligustrum japonicum var. Howardii）等；落叶灌木38种，占灌木总种数的65.52%，主要有紫薇（Lagerstroemia indica）、连翘（Forsythia suspensa）等。常绿灌木与落叶灌木的比例为3.45：6.55。徐州地处暖温带地区，植物配置中常绿灌木与落叶灌木比例建议为5：5，按此标准，公园常绿灌木比例偏低，也会在一定程度造成冬季景观萧条。

（3）藤本植物

藤本植物因具有独特的环境美化效果常被用作垂直绿化。九里湖国家湿地公园中的藤本植物共有21种，占公园植物总种数的4.78%，主要种类有凌霄、常春藤、地锦等。其中，常绿藤本3种，占藤本植物总种数的14.29%，主要有常春藤（Hedera nepalensis var. sinensis）、络石（Trachelospermum jasminoides）等；落叶藤本18种，占藤本植物总种数的85.71%，包括地锦（Parthenocissus tricuspidata）、紫藤（Wisteria sinensis）等。

（4）草本植物

九里湖国家湿地公园中，草本植物种类最为丰富，有47科171属232种，占植物总种数的52.85%，包括一年生草本、二年生草本、一或二年生草本以及多年生草本。多年生草本植物种类最多，占草本植物种数的53.63%，主要有沿阶草（*Ophiopogon bodinieri*）、白车轴草（*Trifolium repens*）等；一年生草本植物次之，占草本植物总种数的33.47%，主要种类有野燕麦（*Avena fatua*）、野大豆（*Glycine soja*）、野老鹳草（*Geranium carolinianum*）、阿拉伯婆婆纳（*Veronica persica*）、直立婆婆纳（*Veronica arvensis*）、猪殃殃（*Galium spurium*）等；一或二年生草本植物占草本植物总种数的10.48%，主要有鹅肠菜（*Myosoton aquaticum*）、救荒野豌豆（*Vicia sativa*）、一年蓬（*Erigeron annuus*）、宝盖草（*Lamium amplexicaule*）等；种类最少的是二年生草本植物，占草本植物总种数的2.42%，主要有月见草（*Oenothera speciosa*）、诸葛菜（*Orychophragmus violaceus*）等。由以上分析可以看出，公园的草本植物以多年生草本植物为主。

（5）水生植物

九里湖国家湿地公园中共有水生植物22科31属36种，占总种数的8.2%，包括沉水植物、挺水植物和漂浮植物。常见的有莲（*Nelumbo nucifera*）、再力花（*Thalia dealbata*）、黄菖蒲（*Iris pseudacorus*）、梭鱼草（*Pontederia cordata*）、花叶芦竹、芦苇、水烛（*Typha angustifolia*）、香蒲、狐尾藻（*Myriophyllum verticillatum*）等。水生植物是湿地公园的重要组成部分，湿地公园应以湿生植物、挺水植物、浮水植物和沉水植物等湿地植物为主。据不完全统计，徐州地区野生水生植物44种，栽培水生植物39种，但九里湖采煤塌陷区水生植物仅有36种，在一定程度上制约了水生植物在净化水体等方面的作用，也不利于湿地景观的营建，应增加其种类多样性。

（6）竹类

九里湖国家湿地公园选用的竹类较少，仅有4种，占总数的0.91%，主要有刚竹（*Phyllostachys sulphurea var.viridis*）、早园竹（*Phyllostachys propinqua*）、淡竹（*Phyllostachys glauca*）等，整体长势良好，具有较高的生态和观赏价值。

（7）蕨类植物

九里湖国家湿地公园的蕨类较少，仅有4种，占总数的0.91%。分别是蘋（*Marsilea quadrifolia*）、满江红（*Azolla pinnata subsp. asiatica*）、节节草（*Equisetum ramosissimum*）、木贼（*Equisetum hyemale*）。

总结以上分析可以看出，九里湖湿地公园乔木、灌木、草本植物、藤本植物的比例为1：0.69：2.76：0.25，以草本植物占优势，草本植物又以多年生草本植物为主，灌木种类少，常绿植物和水生植物应用不足，应适当增加灌木、常绿植物和水生植物的种类，以提高植物群落的稳定性和冬季景观效果，同时彰显湿地特色。

3. 乡土植物与外来植物的组成

乡土植物是指原产于当地或经过长期引种驯化,对当地自然环境条件具有高度适应性的植物。九里湖国家湿地公园共有乡土乔木73种,外来乔木11种;乡土灌木40种,外来灌木18种;乡土草本植物157种,外来草本植物75种;水生植物、藤本植物和竹类则以乡土植物为主。

从种类组成看,乡土植物与外来植物的比例为7.33∶2.67,西湖、东湖、小北湖和北湖则分别为7.14∶2.86、7.57∶2.43、6.48∶3.52和0.95∶0.05,以乡土植物为主,但各区有一定差异。小北湖外来植物比例偏高,主要是人工修复后的自然恢复过程中出现了较多的外来入侵植物;以人工修复为主的东湖、西湖作为游人的主要游览区域,为提高植物观赏性,引进了部分外来植物尤其是观赏价值高的植物,导致其外来植物比例较高;北湖乡土植物占绝对优势,说明在植物的自然修复中,乡土植物以其适应性强占主导优势,这也在一定程度给我们启示,在采煤塌陷区的植被修复中,应以乡土植物为主。

4. 植物的多样性特征

植物多样性可以用来衡量植物景观多样性以及植物生态水平。九里湖国家湿地公园植物多样性分析区域为东湖、西湖和小北湖,北湖因未调查其植物数量,故未作分析。分析分乔木、灌木、地被植物三个方面,其中乔木和灌木是指单独栽植的乔木和灌木,地被植物是指自然生长高度或修剪后高度在1m以下,最下分枝较贴近地面,成片种植后枝叶密集,能较好地覆盖地面的植物,分析结果见表3-5。

(1)乔木的植物多样性特征

九里湖国家湿地公园乔木植物多样性的相关指数值均较高,其中Simpson多样性指数为0.9420,Shannon-Wiener指数为1.4577,Margalef植物丰富度指数为8.2312,均匀度指数为0.3336,说明公园内乔木的种类组成总体较为丰富,不同种类乔木的应用差异不明显。

(2)灌木的植物多样性特征

九里湖国家湿地公园灌木的植物多样性相关指数值均低于乔木,这说明公园的灌木丰富度相对较低,且不同种类灌木的应用相差较大,在一定程度反映了灌木应用存在一定的不合理性。三个湖区相比,小北湖无论多样性指数、均匀度指数还是丰富度指数都是最低的,说明小北湖的灌木不仅种类少,而且种类间分布不均匀。东湖和西湖差异不明显,但西湖的丰富度指数较低,说明西湖的灌木丰富度低于东湖。

（3）地被植物的植物多样性特征

九里湖国家湿地公园地被植物的多样性指数、均匀度指数均低于乔木、灌木，但丰富度指数明显高于乔木和灌木，说明地被植物种类丰富，但植物的种类间分布不均匀。现场调查也证实了这一点，有的地被植物应用多达23.80hm²，有的则仅有1m²，这种现象在小北湖尤为突出。经过生态修复后的小北湖，立地条件有了很大改善，加上修复后基本未加人工干预，出现种类丰富的自生地被植物，但不同植物间数量差异很大，如在调查中发现，春、夏、秋三季救荒野豌豆、艾（*Artemisia argyi*）、野燕麦等在所在群落中占了绝对优势，数量大，面积广；而有的植物如活血丹（*Glechoma longituba*）、天胡荽（*Hydrocotyle sibthorpioides*）、地肤（*Kochia scoparia*）等仅在群落中零星出现，这也是小北湖地被植物丰富度高而多样性、均匀度低的主要原因。

表3-5　九里湖国家湿地公园各湖区植物多样性比较

群落	区域	Simpson指数（D）	Shannon—Wiener指数（H）	Margalef丰富度指数（R）	Pielou均匀度指数（J）
乔木	小北湖	0.9567	1.3927	4.1665	0.4226
	东湖	0.9350	1.3811	7.2897	0.3387
	西湖	0.9213	1.3752	7.2900	0.3282
	整个公园	0.9420	1.4577	8.2312	0.3336
灌木	小北湖	0.7033	0.7427	2.7106	0.2229
	东湖	0.8784	1.0293	3.0391	0.3436
	西湖	0.8754	1.0461	2.8627	0.3384
	整个公园	0.7386	0.8995	4.7871	0.2311
地被植物	小北湖	0.5443	0.6607	9.6267	0.1423
	东湖	0.8976	1.2356	7.2556	0.2781
	西湖	0.8381	1.1552	7.5037	0.2574
	整个公园	0.7283	0.9767	15.4380	0.1838

总结以上分析可以看出，经过人工修复后的九里湖国家湿地公园植物多样性和丰富度总体较高，植物种类间的分布差异不显著，有利于植物群落和生态系统的稳定。东湖、西湖、小北湖三个湖区相比，小北湖植物的多样性指数、均匀度指数均处于最低水平，说明

小北湖植物群落处于相对不稳定阶段，这也反映了人工生态修复后不同管理模式对生态系统稳定性的影响。就目前观察而言，人工修复后仍进行人工管理的东湖和西湖稳定性相对较好，但植物种类尤其是草本植物种类丰富度受到影响，人工修复后以自然恢复为主的小北湖草本植物种类丰富度明显增加，但总体而言生态系统稳定性低于东湖和西湖，需采取适当的人工干预，促进其向稳定发展。

3.3 九里湖国家湿地公园的植物区系特征

九里湖国家湿地公园植物科（属）的区系特征分析中，蕨类植物的区系划分依据臧得奎的划分方法，种子植物的区系划分以吴征镒的文献为主要依据，具体见表3-6。

表3-6 九里湖国家湿地公园植物科（属）的区系组成

区系分布类型	科数（属数）	占总科（属）数的比例（%）
（1）世界广布	42（49）	40.38（16.07）
（2）泛热带分布	32（53）	30.77（17.38）
（3）热带亚洲和热带美洲间断分布	3（9）	2.88（2.95）
（4）旧世界热带分布	1（12）	0.96（3.93）
（5）热带亚洲到热带大洋洲分布	——（6）	——（1.97）
（6）热带亚洲到热带非洲分布	1（1）	0.96（0.33）
（7）热带亚洲分布（印度、马来西亚）	——（9）	——（2.95）
（8）北温带分布	18（67）	17.31（21.97）
（9）东亚和北美间断分布	2（26）	1.92（8.52）
（10）旧世界温带分布	2（31）	1.92（10.16）
（11）温带亚洲分布	——（6）	——（1.97）
（12）地中海、西亚至中亚分布	1（5）	0.96（1.64）
（13）中亚分布	——	——
（14）东亚分布	——（26）	——（8.52）
（15）中国特有	2（5）	1.92（1.64）
小计	104（305）	100（100）

1. 科的区系特征

九里湖国家湿地公园中，世界广布类型的植物使用广泛，共有42科，占总数的40.38%，主要包含禾本科（35属）、菊科（30属）、豆科（19属）、蔷薇科（15属）、唇形科（11属）、十字花科（10属）、木樨科（6属）等，公园内包含属数多的优势科均属于该类型，这些科的植物在公园中数量多且长势良好，对环境具有较好的适应性。

热带分布类型的植物有37科，占总数的35.58%。其中，泛热带分布类型的植物有32科，占热带分布类型总科数的86.49%，主要有大戟科（Euphorbiaceae）、葡萄科（Vitaceae）、葫芦科（Cucurbitaceae）、天南星科（Araceae）、雨久花科（Pontederiaceae）、漆树科（Anacardiaceae）、锦葵科（Malvaceae）等，这些科的植物大多分布于热带，部分植物经过引种驯化后种植至当地，已能够适应当地气候条件。热带亚洲和热带美洲间断分布类型的植物包括马鞭草科（Verbenaceae）、冬青科（Aquifoliaceae）、五加科（Araliaceae），共有3科，占热带分布类型的8.11%。旧世界热带分布类型、热带亚洲到热带非洲分布类型个仅有1科，分别是海桐花科（Pittosporaceae）、杜鹃花科（Ericaceae），热带亚洲分布（印度、马来西亚）与热带亚洲到热带大洋洲分布类型的植物均未见分布。

温带分布类型的植物共计23科，占总数的22.12%。其中，北温带分布类型的植物共有18科，占温带分布类型总科数的78.26%，主要包括百合科、忍冬科（Caprifoliaceae）、柏科（Cupressaceae）、松科（Pinaceae）、杉科（Taxodiaceae）、杨柳科（Salicaceae）、槭树科（Aceraceae）等；旧世界温带分布类型的植物有菱科（Trapaceae）、柽柳科（Tamaricaceae）2科，占8.70%；东亚和北美间断分布类型的植物有木兰科（Magnoliaceae）、莼菜科（Cabombaceae）2科，占8.70%；地中海、西亚至中亚分布类型的植物仅有石榴科（Punicaceae）1科，占比为4.35%；而中亚、东亚以及温带亚洲3个分布类型的植物均未见分布。

中国特有分布类型的植物，包含杜仲科（Eucommiaceae）、银杏科（Ginkgoaceae）共2科，占总数的1.92%，其中银杏作为徐州的市树，作为优良的观叶植物，在公园中应用广泛，丰富了公园的秋季景观，也凸显了公园景观的地域特色。

通过对科的区系组成分析看出，九里湖国家湿地公园植物科的地理区系成分包括10个分布类型，占全国所有分布类型的66.67%，以世界广布和北温带分布为主。所含属最多的6大科均为世界广布型；所含种多的8大科中有7科为世界广布型，1科（百合科）为北温带分布型，说明九里湖国家湿地公园植物科的区系成分中世界广布型、北温带分布型的植物占优势。热带分布的植物主要是以泛热带分布类型为主，且多为单种科或寡种科，基本能适应当地环境。

2. 属的区系特征

九里湖国家湿地公园中，世界广布类型的植物共有49属，占总属数的16.07%，主要包括蒿属（*Artemisia*）、酢浆草属（*Oxalis*）、大戟属（*Euphorbia*）、卫矛属（*Euonymus*）、莎草属（*Cyperus*）、藜属（*Chenopodium*）、苋属（*Amaranthus*）等，除卫矛属的植物大部分为灌木外，其他属的植物多为草本，这类植物对环境的适应能力较强，在湿地公园中生长良好。

热带分布的植物属共有90属，占总属数的29.51%。其中，泛热带分布类型的植物属共有53个，占热带分布总数的58.89%，主要包括冬青属（*Ilex*）、雀稗属（*Paspalum*）、木槿属（*Hibiscus*）、素馨属（*Jasminum*）、鸭跖草属（*Commelina*）、狼尾草属（*Pennisetum*）等，该类型的植物多为草本，在公园中大多以地被的形式出现，具备一定的观赏性。属于旧世界热带分布类型的共有12属，主要包括海桐花属（*Pittosporum*）、棟属（*Melia*）、栀子属（*Gardenia*）、乌蔹莓属（*Cayratia*）等，占热带分布的13.33%；热带亚洲和热带美洲间断分布类型的有9属，热带分布的10.00%，包括蒲苇属（*Cortaderia*）、月见草属（*Oenothera*）等；热带亚洲分布（印度、马来西亚）类型有9个属，如苦荬菜属（*Ixeris*）、构属（*Broussonetia*）、枇杷属（*Eriobotrya*）、秋枫属（*Bischofia*）、蛇莓属（*Duchesnea*）等，占热带分布的10.00%；热带亚洲到热带大洋洲分布类型共有6属，占热带分布的6.67%，包括结缕草属（*Zoysia*）、通泉草属（*Mazus*）、臭椿属（*Ailanthus*）、紫薇属（*Lagerstroemia*）、大豆属（*Glycine*）等；热带亚洲到热带非洲分布类型仅有芒属（*Miscanthus*），占1.11%。

温带分布的植物总共有161属，占总属数的52.79%，公园植物属中4个包含种数较多的大属均属于该分布类型。北温带分布类型共有67属、占温带分布属的41.61%，是比例最高的分布类型，主要包括李属、柳属、蓼属、松属（*Pinus*）、榆属（*Ulmus*）、苹果属（*Malus*）、婆婆纳属（*Veronica*）、野豌豆属（*Vicia*）、槭属（*Acer*）等，这些属的植物对公园生境的适应能力最强，生长良好。旧世界温带分布类型主要包括女贞属、苦苣菜属（*Sonchus*）、芦竹属（*Arundo*）、萱草属（*Hemerocallis*）、雪松属（*Cedrus*）、朴属（*Celtis*）等总共31属，占温带分布属的19.25%；东亚和北美间断分布类型共有26属植物，占温带分布属的16.15%，主要包括石楠属（*Photinia*）、槐属（*Styphnolobium*）、落羽杉属（*Taxodium*）、山桃草属（*Gaura*）、络石属（*Trachelospermum*）等；东亚分布类型的植物共有26属，主要有木瓜属（*Chaenomeles*）、刚竹属（*Phyllostachys*）等；温带亚洲分布类型共有6属，主要包括枫杨属（*Pterocarya*）、黄鹌菜属（*Youngia*）、诸葛菜属（*Orycho-phragmus*）等，占温带分布属的3.73%；地中海、西亚至中亚分布类型共计5属，占温带分布属的3.11%，主要包括黄连木属（*Pistacia*）、石榴属（*Punica*）、常春藤属（*Hedera*）等。

中国特有分布类型共有5属，占总属数的1.64%，主要包括水杉属（*Metasequoia*）、栾树属（*Koelreuteria*）、银杏属（*Ginkgo*）等，这些属在公园中分布广泛并且长势良好，提升了公园景观的观赏性。

对属的区系分析发现，九里湖国家湿地公园植物属的区系组成成分复杂，除中亚分布类型外，其余14大植物区系类型的植物均有应用，但主要是以温带分布为主。这些属的植物对徐州的气候有着很强的适应性，是徐州地带性植物群落的重要组成成分，对于构建公园良好的植物群落有极其重要的作用。泛热带分布类型的大多数植物对公园环境适应良好，其应用有利于公园植物多样性和景观的丰富。

3.4 九里湖国家湿地公园的外来入侵植物特征

外来入侵植物是指从原生存地经过不同途径迁徙到新地区后，能在自然状态下繁衍定植，对当地的生物群落结构与功能造成破坏的植物种。调查研究外来入侵植物有利于植物多样性保护，便于日后对入侵植物种的管理防控。

1. 外来入侵植物种类组成

九里湖国家湿地公园的外来入侵植物总计69种，隶属于27科51属（表3-7），其中菊科植物（18种）最多，占总种数的26.09%；其次是豆科植物（7种），占总种数的10.14%；再者是苋科植物（6种），占总种数的8.70%；其他含2~4种的有禾本科、玄参科（Scrophulariaceae）、柳叶菜科（Onagraceae）等10科，共24种，占总种数的34.78%；单种科有莎草科（Cyperaceae）、藜科（Chenopodiaceae）等14科，占总种数的20.29%。

九里湖国家湿地公园的外来入侵植物以草本植物为主，有65种，占外来入侵植物总数的94.20%，其中一年生植物31种，一至二年生植物10种，二年生植物2种，多年生植物22种，分别占外来入侵草本植物总数的47.69%、15.38%、3.08%、33.85%，一年生植物比例最高。灌木仅有紫穗槐（*Amorpha fruticosa*）和凤尾丝兰（*Yucca gloriosa*）2种，乔木仅有刺槐和火炬树（*Rhus typhina*）2种。

表3-7　九里湖国家湿地公园外来入侵植物

序号	科	属	种	原产地	生长型	入侵等级
1		白酒草属	小蓬草	北美洲	Ph	I
2		飞蓬属	一年蓬	北美洲	A—Bh	I
3			春飞蓬	北美洲	A—Bh	III
4			苏门白酒草	南美洲	A—Bh	I
5			大狼杷草	北美洲	Ah	I
6		鬼针草属	鬼针草	美洲	Ah	I
7		金鸡菊属	金鸡菊	北美洲	Ah	V
8			剑叶金鸡菊	美国	Ah	V
9	菊科	苦苣菜属	花叶滇苦菜	欧洲和地中海沿岸	Ah	IV
10			苦苣菜	欧洲和地中海沿岸	A—Bh	IV
11		鳢肠属	鳢肠	美洲	Ah	IV
12		联毛紫菀属	钻叶紫菀	北美洲	Ah	I
13		秋英属	秋英	墨西哥和美国西南部	Ph	V
14		天人菊属	天人菊	美洲	Ah	V
15		豚草属	豚草	中美洲和北美洲	Ah	I
16		万寿菊属	万寿菊	北美洲	Ah	V
17		向日葵属	菊芋	北美洲	Ph	IV
18		一枝黄花属	加拿大一枝黄花	北美洲	Ph	I
19		车轴草属	白车轴草	北非、中亚、西亚和欧洲	Ph	II
20			杂种车轴草	西亚和欧洲	Ph	III
21		刺槐属	刺槐	北美洲	Dt	III
22	豆科	苜蓿属	南苜蓿	北非、西亚、南欧	A—Bh	IV
23			紫苜蓿	西亚	Ph	IV
24		田菁属	田菁	可能为大洋洲至太平洋岛屿	Ah	II
25		紫穗槐属	紫穗槐	美国东北部及东南部	Ds	V
26		莲子草属	喜旱莲子草	巴西	Ph	I
27		千日红属	千日红	热带美洲	Ah	V
28	苋科	青葙属	青葙	印度	Ah	II
29		苋属	皱果苋	南美洲	Ah	II
30			凹头苋	热带美洲	Ah	II
31			刺苋	热带美洲	Ah	I

(续表)

序号	科	属	种	原产地	生长型	入侵等级
32	禾本科	地毯草属	地毯草	热带美洲	Ph	V
33		黑麦草属	黑麦草	欧洲	Ph	IV
34		燕麦属	野燕麦	欧洲南部和地中海沿岸	Ah	II
35	玄参科	婆婆纳属	蚊母草	北美洲	Ah	IV
36			直立婆婆纳	南欧和西亚	Ah	IV
37			阿拉伯婆婆纳	西亚	Ah	III
38			婆婆纳	西亚	Ah	IV
39	柳叶菜科	山桃草属	山桃草	北美洲	Ph	V
40			小花山桃草	北美洲中南部	Ah	II
41		月见草属	月见草	北美洲东部	Bh	II
42	大戟科	大戟属	斑地锦	北美洲	Ah	III
43			匍匐大戟	美洲	Ah	IV
44	藜科	藜属	小藜	欧洲	Ah	IV
45			灰绿藜	原产地不详	Ah	IV
46	莎草科	莎草属	风车草	东非和阿拉伯半岛	Ph	V
47			香附子	可能为印度	Ph	IV
48	十字花科	臭荠属	臭独行菜	南美洲	A–Bh	IV
49		荠属	荠	西亚和欧洲	A–Bh	IV
50	石竹科	鹅肠菜属	鹅肠菜	欧洲	A–Bh	IV
51		卷耳属	球序卷耳	欧洲	A–Bh	III
52	旋花科	牵牛属	圆叶牵牛	美洲	Ah	I
53			牵牛	南美洲	Ah	II
54	酢浆草科	酢浆草属	红花酢浆草	热带美洲	Ph	IV
55			紫叶酢浆草	美洲	Ph	V
56	雨久花科	凤眼蓝属	凤眼蓝	巴西	Ph	I
57	百合科	丝兰属	凤尾丝兰	北美洲东部和东南部	Es	V
58	车前科	车前属	北美车前	北美洲	A–Bh	II
59	莼菜科	水盾草属	竹节水松	美洲	Ph	II
60	唇形科	鼠尾草属	一串红	南美洲	Ph	V
61	凤仙花科	凤仙花属	凤仙花	南亚至东南亚	Ah	IV
62	锦葵科	苘麻属	苘麻	印度	Ah	III

（续表）

序号	科	属	种	原产地	生长型	入侵等级
63	牻牛儿苗科	老鹳草属	野老鹳草	北美洲	Ah	II
64	漆树科	盐肤木属	火炬树	北美洲	Dt	III
65	伞形科	胡萝卜属	野胡萝卜	欧洲	Bh	II
66	商陆科	商陆属	垂序商陆	北美洲	Ph	II
67	石蒜科	葱莲属	葱莲	南美洲	Ph	IV
68	鸢尾科	鸢尾属	黄菖蒲	欧洲	Ph	V
69	竹芋科	水竹芋属	再力花	美洲	Ph	V

注：*Ah*：一年生草本 *Annual herb*；*Bh*：二年生草本 *Biennial herb*；*A–Bh*：一或二年生草本 *Annual to biennial herb*；*Ph*：多年生草本 *Perennial herb*；*Es*：常绿灌木 *Evergreen shrub*；*Ds*：落叶灌木 *Deciduous shrub*；*Dt*：落叶乔木 *Deciduous tree*

2. 外来植物原产地分析

对九里湖国家湿地公园外来入侵植物的原产地按地理学划分的七大洲进行统计分析。原产地为美洲的计数时南美洲和北美洲各计数一次；原产地为热带美洲的计入南美洲；原产地为中美洲的则计入北美洲；原产地为地中海地区的，欧洲、亚洲、非洲各计数一次。

依照该方法，统计得出公园内69种外来植物共计91频次（图3-1）。原产于北美洲（32次）的频次最高，占总频次的35.16%，其次是南美洲（21次）占比为23.08%，亚洲（16次）占比为17.58%，欧洲（14次）占比为15.38%，非洲（6次）占比为6.59%，最少的为大洋洲1次，此外1个产地不详，各自占比为1.10%，原产地多为美洲。公园内外来入侵植物如野老鹳草、加拿大一枝黄花（*Solidago canadensis*）、钻叶紫菀（*Symphyotrichum subulatum*）、小蓬草（*Erigeron canadensis*）等优势种多起源于美洲大陆。

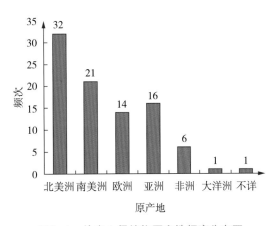

图3-1 外来入侵植物原产地频度分布图

3. 九里湖国家湿地公园外来入侵植物危害等级分析

九里湖国家湿地公园外来入侵植物危害程度分为 5 个等级（图 3-2），其中 I 级恶性入侵类植物有 12 种，占总种数的 17.39%，包括凤眼蓝（*Eichhornia crassipes*）、喜旱莲子草（*Alternanthera philoxeroides*）、大狼杷草（*Bidens frondosa*）、小蓬草、一年蓬、苏门白酒草、加拿大一枝黄花、钻叶紫菀、圆叶牵牛（*Pharbitis purpurea*）、鬼针草（*Bidens pilosa*）、刺苋（*Amaranthus spinosus*）、豚草（*Ambrosia artemisiifolia*），加拿大一枝黄花、钻叶紫菀等已在公园中形成小面积优势种群，并有逐步扩大趋势，对公园生态有很大的潜在危害，应进行监测防控，以降低危害程度。

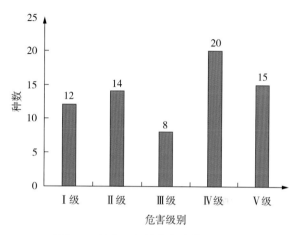

图 3-2　外来入侵植物危害等级统计图

II 级严重入侵类植物有 14 种，占总种数的 20.29%，如白车轴草、野老鹳草、野燕麦等已成为公园的优势种；III 级局部入侵类植物有 8 种，占总种数的 11.59%，如阿拉伯婆婆纳、刺槐等已形成小面积的优势种群；IV 级一般入侵类有 20 种，占总种数的 28.99%，如直立婆婆纳、菊芋（*Helianthus tuberosus*）主要散乱分布在路边，在种群竞争中暂未表现出明显优势；V 级有待观察类有 15 种，占总种数的 21.74%，主要为人为引入栽培的观赏性植物，除秋英（*Cosmos bipinnatus*）呈现一定入侵性外，黄菖蒲、剑叶金鸡菊（*Coreopsis lanceolata*）、万寿菊（*Tagetes erecta*）等，暂时未见其对公园造成危害。

3.5　小·结

在现场调查的基础上，对九里湖国家湿地公园的植物多样性特征、植物区系特征以及外来入侵植物等内容进行了多方位研究，主要结论如下：

九里湖国家湿地公园共有植物 104 科 305 属 439 种，被子植物占绝对优势。公园植物的优势科有菊科、禾本科、蔷薇科等 8 大科，优势属为李属、蒿属、柳属、蓼属、女贞属。公园的植物种类丰富，其中有乔木 33 科 56 属 84 种，灌木 26 科 41 属 58 种，藤本植物

14科17属21种，草本植物47科171属232种，竹类1科2属4种，水生植物有22科31属36种；蕨类植物3科3属4种。乔木、灌木、草本植物、藤本的比例为1∶0.69∶2.76∶0.25，灌木种类偏少；常绿植物应用不足，在一定程度影响冬季景观效果。

　　九里湖国家湿地公园植物多样性的各项相关指数均处于较高水平，这反映出公园的植物多样性较丰富。相对于乔木、灌木，地被植物的种类丰富但种间分布不均匀；小北湖乔木、灌木的植物丰富度低而地被植物丰富度高，多样性指数和均匀度指数低于东湖和西湖，在一定程度上反映了生态修复模式对植物多样性的影响。

　　九里湖国家湿地公园植物科的分布类型有10个，以世界广布和北温带分布为主，公园内含种数最多的8大优势科中有7科为世界广布，1科为北温带分布。

　　植物属的区系组成成分复杂，除中亚分布类型外，其余14大植物区系类型的植物均有应用，以温带分布为主，公园5大优势属中有4个属是温带分布类型，这些属的植物对徐州的气候有着很强的适应性，是徐州地带性植物群落的重要组成成分，对于构建公园良好的植物群落有重要作用。泛热带分布类型在属的组成中也占有较高比例，该分布型中的大多数植物对公园环境适应良好，其应用有利于公园植物多样性和景观的丰富。

　　九里湖国家湿地公园的外来入侵植物有69种，其中草本植物占94.20%，集中在菊科、豆科和苋科，3科共有31种，占入侵植物的44.93%，是外来入侵植物的优势科。

　　九里湖国家湿地公园外来入侵植物中Ⅰ级恶性入侵类植物有12种，占总种数的17.39%，Ⅱ级严重入侵类植物有14种，Ⅲ级局部入侵类植物有8种，Ⅳ级一般入侵类有20种，Ⅴ级有待观察类有15种。九里湖国家湿地公园外来入侵植物源自于各大洲，来源于美洲的频次占到总频次的一半，12种Ⅰ级恶性入侵植物中就有10种原产地来自美洲，说明九里湖国家湿地公园的外来入侵植物主要起源于美洲大陆，也进一步说明起源于美洲大陆的外来植物对园内的生境适应能力更强。

　　九里湖国家湿地公园的各湖区均有不同程度的外来植物入侵，虽然Ⅰ级恶性入侵类植物还未形成大面积优势种群，但已有发展为优势种群态势，Ⅱ-Ⅳ级入侵植物中已有部分种形成大面积优势种群，且有逐步扩大趋势，对公园生态安全有极大的潜在危害，应进行积极的监测防控工作，以降低危害程度。

第4章　九里湖国家湿地公园主要植物

4.1　乔　木

1. 银杏

拉丁名：*Ginkgo biloba*

【分类】银杏科（Ginkgoaceae）银杏属（*Ginkgo*）

【形态特征】落叶大乔木；树皮灰褐色；幼年及壮年树冠圆锥形，老则广卵形；叶互生，有细长的叶柄，扇形，秋季落叶前变为黄色；雌雄异株，4月开花，10月成熟，种子核果状，常为椭圆形，熟时淡黄色或橙黄色。

【生态习性】强阳性树种，喜温凉湿润，在土层深厚、肥沃、疏松、排水良好的酸性、中性、钙质土壤上均可生长，以中性或酸性土壤最适宜。

【观赏特征】高大挺拔，姿态优美，叶形古雅，春夏翠绿，深秋金黄，是理想的园林观赏树种。

【分布】小北湖、东湖、西湖。

银　杏

湿地松

2. 湿地松

拉丁名：*Pinus elliottii*

【分类】松科（Pinaceae）松属（*Pinus*）

【形态特征】常绿乔木；树皮灰褐或暗红褐色，纵裂成鳞状大块片剥落；针叶，2～3针一束，边缘有细齿；球果圆锥形，有柄；种子黑色，有灰色斑点。花期3—4月，果熟期翌年9月。

【生态习性】阳性树种，不耐阴，喜夏雨冬旱气候，对温度适应性较强，在中性或酸性土壤上生长良好，较耐水湿。

【观赏特征】树形苍劲，枝叶茂密，宜植于河岸、池边。

【分布】东湖。

3. 池杉

拉丁名：*Taxodium distichum var. imbricatum*

【分类】杉科（Taxodiaceae）落羽杉属（*Taxodium*）

池 杉

【形态特征】落叶乔木；树干基部膨大，通常有膝状呼吸根；树皮褐色，纵裂成长条片脱落；枝条向上伸展，树冠呈尖塔形；叶锥形，球果圆球形或矩圆状球形，有短梗，向下斜垂，熟时褐黄色。花期3—4月，球果10月成熟。

【生态习性】强阳性树种，不耐阴；喜温暖、湿润环境，稍耐寒，适生于深厚疏松的酸性或微酸性土壤。耐涝，也能耐旱，生长迅速。

【观赏特征】观姿，观叶树种，常植于湖泊周围、河流两岸，形成亮丽的风景线。

【分布】小北湖、东湖、西湖。

4. 落羽杉

拉丁名：*Taxodium distichum*

【分类】杉科（Taxodiaceae）落羽杉属（*Taxodium*）

【形态特征】落叶乔木；树皮棕色；树干尖削度大，干基通常膨大，具膝状呼吸根；幼树树冠圆锥形，老则呈宽圆锥状；叶条形，扁平，基部扭转在小枝上列成二列，羽状，淡绿色，凋落前变成暗红褐色；雄球花序总状或圆锥花序状；球果球形或卵圆形，10月成熟。

【生态习性】强阳性树种，适应性强，能耐低温、干旱、涝渍和土壤瘠薄，耐水湿，抗污染，抗台风且病虫害少，生长快。

【观赏特征】树形优美，叶片酷似羽毛，入秋后树叶变为古铜色，是良好的秋色观叶树种。

落羽杉

【分布】小北湖、东湖、西湖。

5. 水杉

拉丁名：*Metasequoia glyptostroboides*

【分类】杉科（Taxodiaceae）水杉属（*Metasequoia*）

【形态特征】落叶乔木；树干基部常膨大；树皮灰色、灰褐色或暗灰色；幼树树冠尖塔形，老树树冠广圆形；叶线形，扁平对生；雄球花单生叶腋，多数集成总状或圆锥花序；球果下垂，近四棱状球形或矩圆状球形。花期2月下旬，球果11月成熟。

【生态习性】强阳性树种，喜光，不耐贫瘠和干旱，耐寒性强，耐水湿能力强，在轻盐碱地可以生长。

【观赏特征】树干端直，树姿优美，叶色秀丽，秋叶呈棕褐色，是我国特有珍贵树种。

【分布】小北湖、东湖、西湖。

水 杉

6. 垂柳

拉丁名：*Salix babylonica*

【分类】杨柳科（Salicaceae）柳属（*Salix*）

【形态特征】落叶乔木；树皮灰黑色，不规则开裂；树冠开展而疏散，小枝下垂；叶狭披针形或线状披针形；花序先叶开放，或与叶同时开放；蒴果，带绿黄褐色。花期3—4月，果期4—5月。

【生态习性】喜光，喜温暖湿润气候及潮湿深厚之酸性及中性土壤。较耐寒，特耐水湿，但亦能生于土层深厚之干燥地区。萌芽力强，根系发达，生长迅速。

【观赏特征】观姿树种，枝条细长，自古以来深受中国人民热爱。

【分布】小北湖、东湖、西湖、北湖均有分布。

7. 旱柳

拉丁名：*Salix matsudana*

【分类】杨柳科（Salicaceae）柳属（*Salix*）

【形态特征】落叶乔木；树皮暗灰黑色，有裂沟；叶披针形，上面有光泽，下面苍白，边缘有明显锯齿，花与叶同时开放，花期3—4月；蒴果两瓣裂，果期4—5月。

【生态习性】喜光，耐寒，湿地、旱地皆能生长，但以湿润而排水良好的土壤上生长最好；根系发达，抗风能力强，生长快，易繁殖。

【观赏特征】枝条柔软，树冠丰满，是中国北方常用的庭荫树、行道树，常栽培在河湖岸边或孤植于草坪。

垂 柳

旱 柳

【分布】小北湖、东湖、北湖。

8. 枫杨

拉丁名：*Pterocarya stenoptera*

【分类】胡桃科（Juglandaceae）枫杨属（*Pterocarya*）

【形态特征】落叶乔木；羽状复叶，小叶10～16枚，长椭圆形；叶轴具窄翅，花序绿色；果实长椭圆形；花期4—5月，果熟期8—9月。

【生态习性】阳性树种，喜温暖、湿润气候，耐寒，抗旱、抗病能力强，适应多种土壤生长，喜肥沃湿润的沙质壤土。

【观赏特征】树冠广展，枝叶茂密，即可作行道树和庭院树，也是河湖两岸绿化的良好树种。

【分布】小北湖、东湖、西湖、北湖均有分布。

枫 杨

9. 胡桃

拉丁名：*Juglans regia*

【分类】胡桃科（Juglandaceae）胡桃属（*Juglans*）

【形态特征】落叶乔木；奇数羽状复叶，小叶5～13枚，长椭圆状，全缘或有不明显钝齿；花期5月；果实椭圆形，灰绿色。内部坚果球形，黄褐色，表面有不规则槽纹，果熟期10月。

【生态习性】阳性树种，耐寒，抗旱、抗病能力强，适应多种土壤生长，喜肥沃湿润的沙质壤土。

【观赏特征】树姿雄伟，绿荫葱茏，是良好的庭荫树种。

【分布】小北湖。

胡　桃

10. 榉树

拉丁名：*Zelkova serrata*

【分类】榆科（Ulmaceae）榉属（*Zelkova*）

【形态特征】落叶乔木；树皮灰白色或褐灰色，呈不规则的片状剥落；叶薄纸质至厚纸质，长椭圆状卵形，边缘有圆齿状锯齿；核果斜卵状圆锥形，上面偏斜，凹陷。花期4月，果期9—11月。

【生态习性】阳性树种，喜光，喜温暖环境，适生于深厚、肥沃、湿润的土壤，忌积水，不耐干旱和贫瘠；生长慢，寿命长。

【观赏特征】树姿端庄，高大雄伟，秋叶变成褐红色，是观赏秋叶的优良树种。

【分布】小北湖、东湖、西湖、北湖均有分布。

11. 朴树

拉丁名：*Celtis sinensis*

【分类】榆科（Ulmaceae）朴属（*Celtis*）

【形态特征】落叶乔木；树皮平滑，灰色；叶互生；叶片宽卵形至狭卵形，先端急尖

榉　树

至渐尖，基部圆形或阔楔形，中部以上边缘有浅锯齿，三出脉；核果单生或2个并生，近球形，熟时红褐色。花期4月，果9—10月成熟。

【生态习性】喜光，适温暖湿润气候，适生于肥沃平坦之地。对土壤要求不严，有一定耐干旱能力，亦耐水湿及瘠薄土壤，适应力较强。

【观赏特征】树冠圆满宽广，树荫浓郁，雄伟壮观。

朴 树

榔 榆

【分布】小北湖、东湖、西湖、北湖均有分布。

12. 榔榆

拉丁名：*Ulmus parvifolia*

【分类】榆科（Ulmaceae）榆属（*Ulmus*）

【形态特征】落叶乔木；树冠广圆形，树皮灰色或灰褐，裂成不规则鳞状薄片剥落；叶质地厚，披针状卵形或窄椭圆形，边缘具整齐的单锯齿；3～6数在叶脉簇生或排成簇状聚伞花序；翅果椭圆形或卵状椭圆形，果核部分位于翅果的中上部。花期8—9月，果期10—11月。

【生态习性】喜光，耐干旱，在酸性、中性及碱性土上均能生长，但以气候温暖，土壤肥沃、排水良好的中性土壤为最适宜的生境。

【观赏特征】树皮斑驳雅致，小枝弯垂，是良好的观赏树种。

【分布】小北湖、东湖、西湖。

13. 榆树

拉丁名：*Ulmus pumila*

【分类】榆科（Ulmaceae）榆属（*Ulmus*）

【形态特征】落叶乔木；树皮暗灰色，不规则深纵裂；小枝无木栓翅；叶椭圆状卵形、长卵形、椭圆状披针形或卵状披针形，边缘具重锯齿或单锯齿；花先叶开放，多为簇状聚伞花序，生于去年枝的叶腋处；翅果近圆形或倒卵状圆形。花果期3—6月。

【生态习性】阳性树种，喜光，生长快，根系发达，适应性强，能耐干冷气候及中度盐碱，但不耐水湿。

【观赏特征】树冠庞大，枝繁叶茂，叶色季相变化丰富。

【分布】小北湖、东湖。

榆　树

14. 构树

拉丁名：*Broussonetia papyrifera*

【分类】桑科（Moraceae）构属（*Broussonetia*）

【形态特征】落叶乔木，叶广卵形至长椭圆状卵形，先端渐尖，基部心形，两侧常不相等，边缘具粗锯齿，不分裂或3～5裂，表面粗糙，疏生糙毛，背面密被绒毛。花雌雄异株；雄花序为柔荑花序，雌花序为球形头状。聚花果成熟时橙红色，肉质。花期4—5月，果期6—7月。

【生态习性】喜光，适应性强，耐干旱瘠薄，也能生于水边，多生于石灰岩山地，也能在酸性土及中性土上生长；耐烟尘，抗大气污染力强。

【观赏特征】外貌虽较粗野，但枝叶茂密，果实酸甜，可食用。

【分布】小北湖、东湖、西湖、北湖均有分布。

构　树

15. 桑

拉丁名：*Morus alba*

【分类】桑科（Moraceae）桑属（*Morus*）

【形态特征】落叶乔木；树皮灰色，具不规则浅纵裂；叶卵形或广卵形，边缘具粗钝锯齿；雄花序淡绿色；聚花果长卵形至圆柱形，成熟时红色或暗紫色。花期4—5月，果期5—8月。

【生态习性】喜光，喜温暖，适应性强，稍耐寒，耐干旱贫瘠和水湿，对土壤要求不严。

【观赏特征】树冠宽阔，树叶茂密，秋季叶色变黄，颇为美观。

【分布】小北湖、东湖、北湖。

桑

16. 鹅掌楸

拉丁名：*Liriodendron chinense*

【分类】木兰科（Magnoliaceae）鹅掌楸属（*Liriodendron*）

【形态特征】落叶乔木；叶马褂状；花杯状，外面绿色，具黄色纵条纹；聚合果长7~9cm，翅状小坚果长约0.6cm，先端钝或钝尖。花期5月，果期9—10月。

【生态习性】喜温暖湿润气候，有一定的耐寒性，在深厚、肥沃、湿润、酸性土上生长良好；稍耐阴，不耐水湿，在积水地带生长不良。

【观赏特征】树形端正，叶形奇特，秋叶呈黄色；花淡黄绿色，美而不艳。

【分布】东湖。

鹅掌楸

杜 仲

紫叶李

17. 杜仲

拉丁名：*Eucommia ulmoides*

【分类】杜仲科（Eucommiaceae）杜仲属（*Eucommia*）

【形态特征】落叶乔木；树皮灰褐色，粗糙，内含橡胶，折断拉开有多数细丝；叶椭圆形、卵形或矩圆形，缘有锯齿，薄革质，基部圆形或阔楔形，先端渐尖；花于叶前开放或与叶同放；翅果狭长椭圆形，扁平。早春开花，秋后果实成熟。

【生态习性】喜温暖湿润气候和阳光充足的环境，能耐严寒，我国大部地区均可栽培，对土壤没有严格选择，但以土层深厚、疏松肥沃、湿润、排水良好的壤土最宜。

【观赏特征】树干端直，枝叶茂密，树形整齐优美。

【分布】东湖。

18. 紫叶李

拉丁名：*Prunus cerasifera f. atropurpurea*

【分类】蔷薇科（Rosaceae）李属（*Prunus*）

【形态特征】落叶小乔木；枝叶常年呈紫红色；叶片椭圆形、卵形或倒卵形，先端急尖，基部楔形或近圆形，边缘有圆钝锯齿，有时混有重锯齿；花常3朵簇生，白色，先叶开放，花期3—4月；核果近球形或椭圆形，黄色、红色或黑色。果熟期7—8月。

【生态习性】喜阳光、温暖湿润气候，较耐水湿，也有一定的抗旱能力。对土壤适应性强，但在肥沃、深厚、排水良好的黏质中性、酸性土壤中生长良好，根系较浅，萌生力较强。

【观赏特征】叶片整个生长季节都为紫红色，初春白花繁密，入夏果实缀满枝头，是园林重要的色叶树种，同时也是优良的观花观果树种。

【分布】小北湖、东湖、西湖。

19. 梅

拉丁名：*Prunus mume*

【分类】蔷薇科（Rosaceae）李属（*Prunus*）

【形态特征】落叶小乔木；树皮浅灰色或带绿色，平滑；小枝绿色；叶片卵形；花先于叶开放；果实近球形，黄色或绿白色。花期冬春季，果期5—6月。

【生态习性】阳性树种，喜温暖湿润、通风良好的环境，较耐寒，对土壤要求不严，较耐瘠薄，怕积水。

【观赏特征】重要的观花观叶树种。早春花先叶开放，紫红色的花朵布满全树，绚丽夺目，妩媚可爱。

【分布】东湖、西湖。

梅

杏

20. 杏

拉丁名：*Prunus armeniaca*

【分类】蔷薇科（Rosaceae）李属（*Prunus*）

【形态特征】落叶乔木；树冠圆形、扁圆形或长圆形；树皮灰褐色，纵裂；叶片宽卵形或圆卵形，先端急尖至短渐尖；花单生，先于叶开放，白色或带红色；果实球形，黄色至黄红色，常具红晕。花期3—4月，果期6—7月。

【生态习性】阳性树种，适应性强，深根性，喜光，耐旱，抗寒，抗风，寿命可达百年以上，为低山丘陵地带的主要栽培果树。

【观赏特征】早春开花，先花后叶，是优良的春花树种。

【分布】西湖。

21. 桃

拉丁名：*Prunus persica*

【分类】蔷薇科（Rosaceae）李属（*Prunus*）

【形态特征】落叶乔木；树冠宽广而平展；树皮暗红褐色，老时粗糙呈鳞片状；叶片长圆披针形、椭圆披针形或倒卵状披针形；花单生，先于叶开放，粉红色，罕为白色；果实形状和大小均有变异，卵形、宽椭圆形或扁圆形，色泽变化由淡绿白色至橙黄色，常在向阳面具红晕，外面密被短柔毛。花期3—4月，果实成熟期因品种而异，通常为8—9月。

【生态习性】喜光，稍耐荫，不耐寒，耐干旱、瘠薄；对土壤要求不严，在碱性土中也能生长。

【观赏特征】花繁叶茂，果实可爱，是观花，观果的园林绿化优良树种。

【分布】小北湖、东湖、西湖、北湖均有分布。

园艺品种碧桃（*Prunus persica* 'Duplex'），花淡红色，重瓣，分布于小北湖、东湖、西湖。

桃

碧　桃

22. 樱花

拉丁名：*Prunus serrulate*

【分类】蔷薇科（Rosaceae）李属（*Prunus*）

【形态特征】落叶乔木；叶卵形或倒卵形，先端尾状，边有尖锐重锯齿；伞房状或总状花序，总梗极短，花先叶开放；花瓣白色或粉红色；核果近球形，紫黑色，略具棱纹。花期3—4月，果期7月。

【生态习性】喜光，喜肥沃、深厚而排水良好的微酸性土壤，不耐盐碱。耐寒，喜湿。根系较浅，忌积水与低湿。对烟尘和有害气体的抵抗力较差。

【观赏特征】花繁密，花色粉红，色彩艳丽，是著名的早春观赏树种。

【分布】小北湖、东湖、西湖。

常见栽培的有日本晚樱（*Prunus ser-rulata var.lannesiana*），花重瓣，花期长，宜群植成片，花开时灿烂若霞。

日本晚樱

樱　桃

23. 樱桃

拉丁名：*Prunus pseudocerasus*

【分类】蔷薇科（Rosaceae）李属（*Prunus*）

【形态特征】落叶乔木；树皮灰白色；叶卵形或椭圆状卵形，边缘有重锯齿，上面无毛或微生毛，下面有稀疏柔毛；花先叶开放，伞房花序或近伞形，花瓣白色，先端凹裂；核果近球形，熟时红色。花期3—4月，果期5—6月。

【生态习性】喜光，喜温湿，较耐寒，在土层深厚、土质疏松、通气良好的中性砂壤土上生长较好。

【观赏特征】早春观赏植物，花团锦簇，十分绚丽。

【分布】西湖。

24. 垂丝海棠

拉丁名：*Malus halliana*

【分类】蔷薇科（Rosaceae）苹果属（*Malus*）

【形态特征】落叶乔木；树冠疏散，枝开展；叶片卵形或椭圆形至长椭卵形；伞房花序，花瓣倒卵形，粉红色，花梗纤细而下垂；果实梨形或倒卵形，略带紫色。花期3—4月，果期9—10月。

【生态习性】性喜阳光，不耐阴，也不甚耐寒，喜温暖湿润环境，适生于阳光充足、背风之处。土壤要求不严，但以土层深厚、疏

垂丝海棠

松、肥沃、排水良好略带黏质的生长更好。

【观赏特征】树形绰约多姿，花姿柔媚，花色艳美，具有很强的观赏性。

【分布】东湖、西湖。

25. 海棠花

拉丁名：*Malus spectabilis*

【分类】蔷薇科（Rosaceae）苹果属（*Malus*）

【形态特征】落叶乔木；叶片椭圆形至长椭圆形，边缘有紧贴细锯齿，有时部分近于全缘；花序近伞形，有花4～6朵，花瓣卵形，白色；果实近球形，黄色。花期4—5月，果期8—9月。

【生态习性】性喜温暖，喜阳光，耐寒，喜湿润，但又比较耐旱，喜肥沃、排水良好的土壤。

【观赏特征】花色艳丽，果实玲珑可观，可孤植、丛植、行植及群植。

【分布】西湖。

海棠花

26. 西府海棠

拉丁名：*Malus* × *micromalus*

【分类】蔷薇科（Rosaceae）苹果属（*Malus*）

【形态特征】落叶乔木；树枝直立性强；叶片长椭圆形或椭圆形；伞形总状花序，有花4～7朵，集生于小枝顶端，粉红色；果实近球形，红色。花期4—5月，果期8—9月。

【生态习性】喜光，耐寒，忌水涝，忌空气过湿，较耐干旱。

【观赏特征】树姿直立，花朵密集，花红，叶绿，果美，不论孤植、列植、丛植均极美观。

【分布】西湖。

西府海棠

山　楂

27. 山楂

拉丁名：*Crataegus pinnatifida*

【分类】蔷薇科（Rosaceae）山楂属（*Crataegus*）

【形态特征】落叶乔木；树皮暗灰色或灰褐色；叶宽卵形或三角状卵形，稀菱状卵形，有3~5对羽状深裂片，疏生不规则重锯齿；伞形花序，花瓣白色；果实近球形，深红色，有浅色斑点。花期5—6月，果期9—10月。

【生态习性】喜光，喜温暖，较耐寒；适应各种土壤，但以通气良好的砂质壤土最佳。耐干旱瘠薄，在潮湿炎热的条件下生长不良。

【观赏特征】树冠整齐，花繁叶茂，果实鲜红，是优良的观花观果树种。

【分布】西湖。

28. 椤木石楠

拉丁名：*Photinia bodinieri*

【分类】蔷薇科（Rosaceae）石楠属（*Photinia*）

【形态特征】常绿乔木；幼枝黄红色，后成紫褐色，老时灰色，无毛，有时具刺；叶片革质，长圆形、倒披针形，先端急尖或渐尖，有短尖头，基部楔形，边缘稍反卷，有具腺的细锯齿，上面光亮；花多数，密集成顶生复伞房花序，果实球形或卵形，黄红色。花期5月，果期9—10月。

【生态习性】喜温暖湿润和阳光充足的环境；耐寒，耐阴、耐干旱，不耐水湿，萌芽力强，耐修剪。生长适温10~25℃，冬季能耐-10℃低温。

椤木石楠

【观赏特征】树冠长圆形，春叶、秋叶绯红，冬季叶色浓绿，花枝繁密，果实亮丽，四季可赏。

【分布】东湖、西湖。

29. 石楠

拉丁名：*Photinia serrulata*

【分类】蔷薇科（Rosaceae）石楠属（*Photinia*）

【形态特征】常绿灌木或中型乔木；叶片革质，长椭圆形、长倒卵形或倒卵状椭圆形；花期6—7月，复伞房花序顶生，花瓣白色；果10—11月成熟，果实球形，红色，后成褐紫色。

【生态习性】喜光，稍耐阴，喜温暖湿润气候，耐干旱瘠薄，不耐水湿。耐寒性强，也有很强的耐荫能力。适宜各类中肥土质。

石 楠

【观赏特征】枝繁叶茂，终年常绿。叶片翠绿色，具光泽，早春幼枝嫩叶为紫红色，枝叶浓密，老叶经过秋季后部分出现赤红色，夏季密生白色花朵，秋后鲜红果实缀满枝头，鲜艳夺目，观赏价值极高。

【分布】小北湖、东湖、西湖。

30. 刺槐

拉丁名：*Robinia pseudoacacia*

【分类】豆科（Fabaceae）刺槐属（*Robinia*）

【形态特征】落叶乔木；树皮灰褐色至黑褐色；具托叶刺；小叶2～12对，常对生，椭圆形；总状花序腋生，花白色，芳香；荚果褐色，线状长圆形。花期4—6月，果期8—9月。

【生态习性】温带树种，喜土层深厚、肥沃、疏松、湿润的壤土，喜光，不耐庇荫。萌芽力和根蘖性都很强。

刺 槐

合 欢

【观赏特征】树冠高大，叶色鲜绿，花素雅而芳香；冬季落叶后，枝条疏朗向上，很像剪影，造型有国画韵味。

【分布】小北湖、东湖、西湖、北湖均有分布。

31. 合欢

拉丁名：*Albizia julibrissin*

【分类】豆科（Fabaceae）合欢属（*Albizia*）

【形态特征】落叶乔木；树干灰黑色；二回羽状复叶，互生；头状花序，花粉红色；荚果线形。花期6—7月，果期8—10月。

【生态习性】喜温暖湿润和阳光充足的环境，适应性强，宜在排水良好、肥沃土壤生长，也耐瘠薄土壤和干旱气候，但不耐水涝。生长迅速，对二氧化硫、氯化氢等有害气体有较强的抗性。

【观赏特征】树姿优雅，花冠伸展，花形别致娇美，美丽清淡，是观赏性强的观姿观花观叶树种。

【分布】小北湖、西湖。

32. 槐

拉丁名：*Styphnolobium japonicum*

【分类】豆科（Fabaceae）槐属（*Styphnolobium*）

【形态特征】落叶乔木；树皮灰褐色，具纵裂纹；奇数羽状复叶，纸质，卵状披针形或卵状长圆形；圆锥花序顶生，花冠白色或淡黄色；荚果串珠状，淡黄绿色，干后黑褐色。花期6—7月，果期8—10月。

【**生态习性**】性耐寒，抗性强，寿命极长，耐烟尘能力强，对二氧化硫、氯气、氯化氢等有害气体的抗性强；萌芽力强，极耐修剪；适应性强。

【**观赏特征**】枝叶茂密，绿荫如盖，适作庭荫树，夏秋可观花，并为优良的蜜源植物。

【**分布**】东湖、西湖。

槐

33. 楝

拉丁名：*Melia azedarach*

【**分类**】楝科（Meliaceae）楝属（*Melia*）

【**形态特征**】落叶乔木；树皮灰褐色，奇数羽状复叶，小叶9枚，卵形、椭圆形至披针形，边缘有钝锯齿；花紫色；核果卵形，成熟时淡黄色。花期5—6月，果期10—11月。

【**生态习性**】强阳性树种，不耐阴，喜温暖、湿润气候，对土壤要求不严，耐水湿，不耐干旱。

【**观赏特征**】树形优美，叶形秀丽，春夏之交开淡紫色花朵，颇美丽，且有淡香。

【**分布**】小北湖、东湖、西湖、北湖均有分布。

楝

臭 椿

重阳木

34. 臭椿

拉丁名：*Ailanthus altissima*

【分类】苦木科（Simaroubaceae）臭椿属（*Ailanthus*）

【形态特征】落叶乔木；树皮平滑而有直纹；奇数羽状复叶，小叶对生或近对生，纸质，卵状披针形，具1～2对粗锯齿，叶面深绿色，背面灰绿色，柔碎后具臭味；圆锥花序，花淡绿色；翅果长椭圆形。花期4—5月，果期8—10月。

【生态习性】强阳性树种，不耐阴，较耐寒，稍耐旱，喜深厚、肥沃的砂壤土；在酸性、中性、微碱性土壤中均可生长。

【观赏特征】树干通直，树冠开阔，枝叶浓密，嫩叶红艳，常用作观赏庭荫树、行道树。

【分布】东湖、西湖。

35. 重阳木

拉丁名：*Bischofia polycarpa*

【分类】大戟科（Euphorbiaceae）秋枫属（*Bischofia*）

【形态特征】落叶乔木；树皮褐色，纵裂；树冠伞形；三出复叶，叶片纸质，卵形或椭圆状卵形，顶端突尖或短渐尖，基部圆或浅心形；花雌雄异株，总状花序；果实浆果状，圆球形，成熟时褐红色。花期4—5月，果期10—11月。

【生态习性】暖温带树种，喜光，稍耐阴；喜温暖，耐寒性较弱；对土壤要求不严，耐旱，也耐瘠薄，且能耐水湿；生长快速，根系发达。

【观赏特征】观姿观花树种，树姿优美，冠如伞盖，花叶同放，花色淡绿，秋叶转红，艳丽夺目。

【分布】小北湖、东湖、西湖。

36. 乌桕

拉丁名：*Sapium sebiferum*

【分类】大戟科（Euphorbiaceae）乌桕属（*Sapium*）

【形态特征】落叶乔木；树皮暗灰色，有纵裂纹；叶互生，纸质，叶片菱形、菱状卵形，全缘；穗状花序，花淡黄色；蒴果梨状球形，成熟时黑色。花期5—6月，果期8—10月。

【生态习性】喜光，不耐阴；喜温暖环境，不甚耐寒；适生于深厚肥沃、含水丰富的土壤，对酸性、钙质土、盐碱土均能适应；主根发达，抗风力强，耐水湿。

【观赏特征】树形潇洒，树冠整齐，叶形秀丽，秋叶经霜时如火如荼，十分美观。

【分布】小北湖、东湖、西湖、北湖均有分布。

乌　柏

37. 黄连木

拉丁名：*Pistacia chinensis*

【分类】漆树科（Anacardiaceae）黄连木属（*Pistacia*）

【形态特征】落叶乔木；树皮暗褐色；奇数羽状复叶互生，纸质，披针形；花小，

黄连木

先花后叶，绿黄色，花期4月；核果扁球形，成熟时紫红色，果期10—11月。

【生态习性】强阳性树种，幼时稍耐荫；耐干旱瘠薄，对土壤要求不严，以肥沃、湿润而排水良好的石灰岩山地生长最好。

【观赏特征】树冠浑圆，枝叶繁茂而秀丽，早春嫩叶红色，入秋叶又变成深红或橙黄色，红色的雌花序也极美观。

【分布】西湖。

黄栌

火炬树

拉丁名：*Cotinus coggygria*

【分类】漆树科（Anacardiaceae）黄栌属（*Cotinus*）

【形态特征】落叶小乔木或灌木，树冠圆形，高可达3~5m；单叶互生，叶倒卵形或卵圆形，全缘或具齿，叶柄细，无托叶。圆锥花序顶生；核果小，肾形扁平，绿色，种子肾形。花期5—6月，果期7—8月。

【生态习性】阳性树种，喜光，稍耐阴，不耐水湿，耐干旱贫瘠，以土层深厚、肥沃、排水性良好的沙质壤土为佳。

【观赏特征】叶形美观，入秋后呈红色，鲜艳夺目，为观赏性极佳的彩叶树种。

【分布】西湖。

39. 火炬树

拉丁名：*Rhus typhina*

【分类】漆树科（Anacardiaceae）盐麸木属（*Rhus*）

【形态特征】落叶灌木或小乔木；树型不整齐；小枝粗壮，红褐色；小叶长椭圆状披针形，有锐锯齿；雌雄异株，圆锥花序，密生绒毛，花白色；核果深红色，密被毛，密集成火炬形。花期6—7月；果期9—10月。

【生态习性】阳性树种，喜光，耐寒；在酸性、中性和石灰性土壤上均可生长，耐干旱瘠薄，耐盐碱；根系发达，萌蘖力极强；生长速度较快。

【观赏特征】秋叶红艳，果序红色而且形似火炬，冬季在树上宿存，颇为奇特。

【分布】小北湖、西湖、北湖。

40. 丝棉木

拉丁名：*Euonymus maackii*

【分类】卫矛科（Celastraceae）卫矛属（*Euonymus*）

【形态特征】落叶乔木；树冠圆形与卵圆形；叶对生，卵状至卵状椭圆形，先端长渐尖，基部近圆形，缘有细锯齿，叶片下垂，秋季叶色变红。花淡绿色，聚伞花序；蒴果粉红色。花期5月，果10月成熟。

【生态习性】喜光，稍耐荫；耐寒，对土壤要求不严，耐干旱，也耐水湿，以肥沃、湿润而排水良好之土壤生长最好。

【观赏特征】枝叶娟秀细致，姿态秀丽，秋季叶色变红，果实挂满枝梢，开裂后露出橘红色假种皮，甚为美观。

【分布】小北湖、东湖、西湖。

丝棉木

41. 红枫

拉丁名：*Acer palmatum* 'Atropurpureum'

【**分类**】槭树科（Aceraceae）槭属（*Acer*）

【**形态特征**】落叶小乔木；树皮光滑，呈灰褐色；叶掌状深裂，裂片5～9，裂深至叶基，裂片长卵形或披针形，叶缘锐锯齿；叶色常年鲜红至紫红色；伞房花序，花期4—5月；翅果，幼时紫红色，成熟时黄棕色，果核球形，果熟期10月。

【**生态习性**】性喜湿润、温暖的气候，较耐阴、耐寒，忌烈日暴晒，但春、秋季能在全光照下生长。对土壤要求不严，适宜在肥沃、富含腐殖质的酸性或中性沙壤土中生长，不耐水涝。

【**观赏特征**】叶色鲜红美丽，是典型的观叶树种，

【**分布**】西湖。

红 枫

42. 鸡爪槭

拉丁名：*Acer palmatum*

【**分类**】槭树科（Aceraceae）槭属（*Acer*）

【形态特征】落叶小乔木；树皮深灰色，叶纸质，5~9掌状分裂，通常7裂，先端锐尖或长锐尖；花紫红色，翅果嫩时紫红色，成熟时淡棕黄色；两翅展开成钝角，果核球状隆起。花期4—5月，果期9—10月。

【生态习性】弱阳性树种，耐半荫，在阳光直射处孤植夏季易遭日灼之害；喜温暖湿润气候及肥沃、湿润而排水良好之土壤，耐寒性强。

【观赏特征】树姿婆娑，叶形秀丽，入秋后转为鲜红色，色艳如花，灿烂如霞，为优良的色叶树种。

【分布】东湖、西湖。

鸡爪槭

43. 三角槭

拉丁名：*Acer buergerianum*

【分类】槭树科（Aceraceae）槭属（*Acer*）

【形态特征】落叶乔木；树皮褐色或深褐色，粗糙；叶纸质，基部近于圆形或楔形，外貌椭圆形或倒卵形，通常浅3裂；花多数常成顶生被短柔毛的伞房花序，黄绿色；翅果黄褐色；小坚果特别凸起。花期4月，果期8月。

【生态习性】弱阳性树种，稍耐荫；喜温暖、湿润环境及中性至酸性土壤；耐寒，较耐水湿，忌涝，萌芽力强，耐修剪。

【观赏特征】树形优美，枝繁叶茂，秋叶橙黄色或红紫色，是著名的秋季观叶树种。

【分布】小北湖、东湖、西湖。

三角槭

无患子

44. 无患子

拉丁名：*Sapindus saponaria*

【分类】无患子科（Sapindaceae）无患子属（*Sapindus*）

【形态特征】落叶乔木；树皮灰褐色或黑褐色；单回羽状复叶，叶片薄纸质，长椭圆状披针形或稍呈镰形；花序顶生，圆锥形；花小，绿白色或黄白色；果实近球形，橙黄色，干时变黑。花期5—6月，果期7—8月。

【生态习性】喜光，稍耐阴，喜温暖湿润气候，耐寒能力不强。对土壤要求不严，深根性，抗风力强。萌芽力弱，不耐修剪。

【观赏特征】树体优美，树叶在秋季呈现独特的黄、橙、红渐变色，果实到了秋季也是挂满枝头，是较好的观叶、观花、观果类树种。

【分布】西湖。

45. 黄山栾树

拉丁名：*Koelreuteria bipinnata* 'integrifoliola'

【分类】无患子科（Sapindaceae）栾树属（*Koelreuteria*）

【形态特征】落叶乔木；枝干挺直，树皮呈褐色；二回羽状复叶，每片叶有9至17片小叶，长椭圆形，近全缘；圆锥形花序顶生，花细小，黄色，芳香；椭圆形蒴果，具三棱，初时呈淡紫红色，成熟时转为红褐色。花期6—8月，果熟期9月底至10月。

栾 树

【生态习性】喜光，稍耐阴，喜湿润的气候，但对寒冷和干旱有一定的忍耐力；对土壤要求不严，耐瘠薄，喜生于石灰质土壤，也能耐盐渍及短期水涝。

【观赏特征】树冠广大，枝叶茂密而秀丽，春季红叶似醉，夏季黄花满树，秋叶鲜黄，入秋丹果盈树，均极艳丽，是极为美丽的观赏树种。

【分布】东湖、西湖。

46. 梧桐

拉丁名：*Firmiana simplex*

【分类】梧桐科（Sterculiaceae）梧桐属（*Firmiana*）

【形态特征】落叶乔木；树冠卵圆形，树干端直，树皮青绿色；叶3～5掌裂；花萼裂片条形，淡黄绿色；花后心皮分离成5蓇葖果，远在成熟前即裂开呈舟形；种子棕黄色。花期6—7月；果9—10月成熟。

【生态习性】喜光，喜温暖湿润气候；喜肥沃、湿润、深厚而排水良好的土壤，在酸性、中性及钙质土上均能生长。

【观赏特征】观干树种，干形端直，干皮青绿，叶大荫浓，清爽宜人，自古以来即为著名的庭荫树种。

【分布】东湖、西湖。

梧　桐

47. 柽柳

拉丁名：*Tamarix chinensis*

【分类】柽柳科（Tamaricaceae）柽柳属（*Tamarix*）

【形态特征】灌木或小乔木；树皮红褐色；枝红紫色或暗紫红色，细长而常下垂；叶长卵状披针形，先端尖，基部背面有龙骨状隆起；春季开花，总状花序侧生在木质化的小枝上，花粉红色；果实宿存，花盘5裂，裂片先端圆或微凹，

柽　柳

紫红色，肉质。花期4—9月，果10月成熟。

【生态习性】耐高温和严寒；喜光，不耐遮荫；能耐烈日曝晒，耐旱又耐水湿，抗风又耐碱土，能在含盐量1%的重盐碱地上生长，深根性树种。

【观赏特征】枝条细柔，姿态婆娑，开花如红蓼，颇为美观。

【分布】小北湖、西湖。

48. 柿

拉丁名：*Diospyros kaki*

【分类】柿科（Ebenaceae）柿属（*Diospyros*）

【形态特征】落叶乔木；树皮深灰色至灰黑色；叶纸质，卵状椭圆形至倒卵形或近圆形；花雌雄异株，花序腋生，聚伞花序；果形有球形、扁球形等。花期5—6月，果期9—10月。

柿

【生态习性】深根性树种，喜温暖气候、充足阳光和深厚、肥沃、湿润、排水良好的土壤，较耐寒，耐瘠薄，抗旱性强，不耐盐碱土。

【观赏特征】叶片大而厚；秋季柿果红彤彤，外观艳丽诱人；晚秋柿叶变成红色，景观极为美丽。

【分布】东湖、西湖、北湖。

49. 白蜡树

白蜡树

拉丁名：*Fraxinus chinensis*

【分类】木樨科（Oleaceae）梣属（*Fraxinus*）

【形态特征】落叶乔木；树皮灰褐色，纵裂；羽状复叶；圆锥花序顶生或腋生枝梢；花雌雄异株；雄花密集，花萼小，钟状，无花冠，花药与花丝近等长，雌花疏离，花萼大，桶状，柱头2裂。翅果匙形。

花期4—5月，果期7—9月。

【生态习性】喜光树种，对霜冻较敏感。喜深厚较肥沃湿润的土壤，较耐轻盐碱性土。

【观赏特征】树干通直，枝叶繁茂而鲜绿，秋叶橙黄，是优良的行道树、庭院树、公园树和遮荫树。

【分布】东湖。

50. 女贞

拉丁名：*Ligustrum lucidum*

【分类】木樨科（Oleaceae）女贞属（*Ligustrum*）

【形态特征】常绿乔木；高可达15m；树皮灰褐色。叶片革质，椭圆状披针形、卵状披针形或长卵形；圆锥花序疏松，顶生或腋生，花白色；果椭圆形或近球形，蓝黑色或黑色，有白粉。花期6—7月，果期10—12月。

【生态习性】喜光，稍耐阴，较耐寒，为深根性树种，须根发达，生长快，萌芽力强，耐修剪，但不耐瘠薄。

【观赏特征】枝叶清秀，四季常绿，夏日白花满树，是一种很有观赏价值的园林树种。

【分布】小北湖、东湖、西湖、北湖均有分布。

女　贞

51. 紫丁香

拉丁名：*Syringa oblata*

【分类】木樨科（Oleaceae）丁香属（*Syringa*）

【形态特征】落叶灌木或小乔木；叶广卵形，端锐尖，基心形或截形，全缘；花两性，圆锥花序，花萼钟状，有4齿，花冠紫色；果倒卵状椭圆形、卵形至长椭圆形。花期4～5月，果期6～10月。

【生态习性】喜光，也耐半荫；适应性较强，耐寒，耐旱，耐瘠薄，病虫害较少。以排水良好、疏松的中性土壤为宜，忌酸性土。忌积涝、湿热。

【观赏特征】具有独特的芳香、硕大繁茂之花序、优雅而调和的花色、丰满而秀丽的姿态，在观赏花木中享有盛名。

【分布】西湖。

紫丁香

52. 毛泡桐

拉丁名：*Paulownia tomentosa*

【分类】玄参科（Scrophulariaceae）泡桐属（*Paulownia*）

【形态特征】落叶乔木；树皮灰色、灰褐色或灰黑色；单叶，对生，叶大，卵形，全缘或有浅裂；花大，淡紫色或紫色；蒴果卵形或椭圆形。花期4—5月，果熟期9—10月。

【生态习性】阳性树种，不耐阴，喜温暖气候，耐寒性强，喜深厚、肥沃、排水良好的土壤，耐干旱，怕涝，萌芽力强。

【观赏特征】树姿优美，花色美丽鲜艳，春天繁花似锦，夏日浓荫如盖，可做庭荫树、行道树和造林用树种。

【分布】小北湖、北湖。

毛泡桐

53. 楸

拉丁名：*Catalpa bungei*

【分类】紫葳科（Bignoniaceae）梓属（*Catalpa*）

【形态特征】落叶乔木；树干耸直；叶三角状卵形，全缘，基部截形，阔楔形或心形；顶生伞房状总状花序，花冠浅粉色，内面具有暗紫色斑点；蒴果细长圆柱形。花期4—5月，果期7—8月。

【生态习性】喜光，较耐寒，喜深厚肥沃湿润的土壤，不耐干旱、积水，忌地下水位过高，稍耐盐碱。萌蘖性强，幼树生长慢，10年以后生长加快，侧根发达。

【观赏特征】枝干挺拔，花紫白相间，艳丽夺目。

【分布】小北湖。

楸

54. 石榴

石 榴

拉丁名：*Punica granatum*

【分类】石榴科（Punicaceae）石榴属（*Punica*）

【形态特征】落叶灌木或小乔木；叶椭圆状披针形，叶色浓绿，油亮光泽；花萼硬，红色，肉质，开放之前成葫芦状；花朱红色，重瓣，花期长；果古铜红色，挂果期长。花期6—9月，果期9—11月。

【生态习性】性喜温暖、阳光充足和干燥的环境，不耐水涝，不耐阴，对土壤要求不严，以肥沃、疏松而排水良好的沙壤土最好。

【观赏特征】枝繁叶茂，花色艳丽，果实繁多，具有独特的观赏价值。

【分布】小北湖、东湖、西湖、北湖均有分布。

55. 木瓜

拉丁名：*Chaenomeles sinensis*

【分类】蔷薇科（Rosaceae）木瓜属（*Chaenomeles*）

【形态特征】落叶灌木或小乔木；树皮成片状脱落；叶片椭圆卵形或椭圆长圆形，稀倒卵形，边缘有刺芒状尖锐锯齿；花单生于叶腋，淡粉红色；果实长椭圆形，暗黄色，木质，味芳香。花期4月，果期9—10月。

【生态习性】对土质要求不严，但在土层深厚、疏松肥沃、排水良好的沙质土壤中生长较好，低洼积水处不宜种植。不耐阴，喜温暖环境。

【观赏特征】观姿观花观果树种，树姿优美，花簇集中，花量大，花色美。

【分布】东湖、西湖。

木　瓜

4.2 灌　木

1. 杞柳

拉丁名：*Salix integra*

【分类】杨柳科（Salicaceae）柳属（*Salix*）

【形态特征】落叶灌木；树皮灰绿色；小枝细而柔软，淡绿色；叶片披针形或倒披针形，上面暗绿色，下面苍白色；花先叶开放；花药淡红色；蒴果，有毛。花期3月，果期4—5月。

【生态习性】喜光照，喜冷凉气候，抗雨涝，以在上层深厚的砂壤土和沟渠边坡地生长最好，在轻盐碱地也能生长。

彩叶杞柳

海桐

【观赏特征】树形优美，可盆栽观赏，也可以与其他植物搭配成花镜，相映成趣。

【分布】小北湖。

园艺品种有彩叶杞柳（*Salix integra* 'Hakuro Nishiki'），叶片具花色斑纹，分布在西湖。

2. 海桐

拉丁名：*Pittosporum tobira*

【分类】海桐花科（Pittosporaceae）海桐花属（*Pittosporum*）

【形态特征】嫩枝被褐色柔毛，有皮孔。叶聚生于枝顶，二年生，革质；伞形花序或伞房状伞形花序顶生或近顶生，花白色，有芳香，后变黄色；蒴果圆球形，有棱或呈三角形；花期3—5月，果熟期9—10月。

【生态习性】对气候的适应性较强，能耐寒冷，亦颇耐暑热。黄河流域以南可露地安全越冬。对土壤的适应性强，在黏土、砂土及轻盐碱土中均能正常生长。

【观赏特征】株形圆整，四季常青，花味芳香，种子红艳，为著名的观叶、观果植物。

【分布】小北湖、东湖、西湖、北湖均有分布。

3. 南天竹

拉丁名：*Nandina domestica*

【分类】小檗科（Berberidaceae）南天竹属（*Nandina*）

【形态特征】常绿小灌木；茎常丛生而少分枝，光滑无毛，幼枝常为红色，老后呈灰色；叶互生，三回羽状复叶，小叶薄革质，椭圆形或椭圆状披针形，全缘，上面深绿色，冬季变红色；浆果球形，熟时鲜红色，稀橙红色，种子扁圆形。花期3—6月，果期5—11月。

【生态习性】性喜温暖及湿润的环境，比较耐阴，也耐寒，栽培土要求肥沃、排水良好的沙质壤土，对水分要求不严。

【观赏特征】枝叶扶疏，秋冬叶色变红，有红果，经久不落，是赏叶观果的佳品。

【分布】西湖。

南天竹

4. 棣棠花

拉丁名：*Kerria japonica*

【分类】蔷薇科（Rosaceae）棣棠花属（*Kerria*）

【形态特征】落叶灌木；小枝绿色，无毛，常拱垂，嫩枝有棱角；叶互生，三角状卵形或卵圆形，边缘有尖锐重锯齿；单花，花瓣黄色；瘦果倒卵形至半球形，褐色或黑褐色。花期4—6月，果期6—8月。

【生态习性】喜温暖湿润和半阴环境，对土壤要求不严，以肥沃、疏松的沙壤土生长最好。

【分布】西湖。

棣棠花

5. 火棘

火　棘

拉丁名：*Pyracantha fortuneana*

【分类】蔷薇科（Rosaceae）火棘属（*Pyracantha*）

【形态特征】常绿灌木；叶片倒卵形或倒卵状长圆形，先端圆钝或微凹；花集成复伞房花序，花瓣白色，近圆形；果实近球形，橘红色或深红色。花期3—5月，果期8—11月。

【生态习性】喜强光，耐贫瘠，抗干旱，不耐寒；对土壤要求不严，以排水良好、湿润、疏松的中性或微酸性壤土为好。

【观赏特征】春季开白花，秋季结红果，枝叶柔小，叶片蜡质，四季常青。

【分布】小北湖、东湖、西湖。

6. 贴梗海棠

贴梗海棠

拉丁名：*Chaenomeles speciosa*

【分类】蔷薇科（Rosaceae）木瓜属（*Chaenomeles*）

【形态特征】落叶灌木；枝条直立开展，有刺；叶片卵形至椭圆形，具尖锐锯齿；花猩红色，稀淡红或白色，花先叶开放；花梗短或近无柄；果实球形，黄色或带黄绿色，味芳香。花期3—5月，果期9—10月。

【生态习性】喜光，较抗旱和耐寒，对土壤要求不严格，但在肥沃、深厚、排水良好的中性土壤上生长最好，积涝或低洼处不宜种植。

【观赏特征】枝干丛生，姿态健美，花梗极短，紧贴于梗，花色艳丽。

【分布】东湖。

7. 粉花绣线菊

拉丁名：*Spiraea japonica*

【分类】蔷薇科（Rosaceae）绣线菊属（*Spiraea*）

【形态特征】落叶直立灌木；小枝无毛或幼时被短柔毛；叶片卵形至卵状椭圆形，具缺刻状重锯齿或单锯齿；复伞房花序顶生于当年生直立新枝，花粉红色；蓇葖果。花期6—7月，果期8—9月。

【生态习性】喜光，耐半阴，耐寒性强，喜四季分明的温带气候，对土壤要求不严，但以深厚、疏松、肥沃的壤土为佳。

【观赏特征】夏季开花，花繁叶密，观赏价值高。

【分布】小北湖、东湖。

粉花绣线菊

8. 绣线菊

拉丁名：*Spiraea salicifolia*

【分类】蔷薇科（Rosaceae）绣线菊属（*Spiraea*）

【形态特征】直立灌木，高可达2m；嫩枝被柔毛，老时脱落；叶片长圆披针形至披针形，密生锐锯齿或重锯齿，两面无毛；圆锥花序，被短柔毛，花粉红色；蓇葖果直立，宿存萼片反折。花期6—8月，果期8—9月。

【生态习性】喜光，怕水涝，耐修剪，喜欢排水良好的肥沃土壤，但对土壤要求不严。

【观赏特征】花色鲜艳夺目，花期较长，观赏价值高。

【分布】小北湖、东湖。

绣线菊

茅 莓

9. 茅莓

拉丁名：*Rubus parvifolius*

【分类】 蔷薇科（Rosaceae）悬钩子属（*Rubus*）

【形态特征】 落叶小灌木；枝呈弓形弯曲，被柔毛和稀疏钩状皮刺；单数羽状复叶，小叶3～5枚，菱状圆形或倒卵形，边缘浅裂具不整齐粗锯齿或缺刻状粗重锯齿；伞房花序顶生或腋生，花粉红至紫红色；聚合果球形，红色。花期5—6月，果期7—8月。

【生态习性】 喜潮湿的环境，耐贫瘠，甚至在荒地中都能很好地生长。

【观赏特征】 花小而精致，果色艳丽，颇具观赏价值。

【分布】 小北湖、东湖、西湖。

10. 胡枝子

拉丁名：*Lespedeza bicolor*

【分类】 豆科（Fabaceae）胡枝子属（*Lespedeza*）

【形态特征】 直立灌木；多分枝，小枝具棱，疏被短毛；小叶草质，卵形、倒卵形或卵状长圆形，全缘；总状花序腋生，常构成圆锥花序；花红紫色，荚果斜倒卵形。花期7—9月，果期9—10月。

【生态习性】 喜光，稍耐阴、耐寒、耐旱，对土壤适应范围广，贫瘠的山坡地、新垦地均可种植。

【观赏特征】 枝条拱垂，紫色花密集，在园林绿化中可供观赏或作为护坡地被的点缀。

【分布】 小北湖。

胡枝子

11. 红花锦鸡儿

拉丁名：*Caragana rosea*

【分类】豆科（Fabaceae）锦鸡儿属（*Caragana*）

【形态特征】直立灌木；树皮绿褐色或灰褐色，小枝具棱，托叶硬化成细针刺，长枝上宿存，短枝则脱落；叶假掌状，楔状倒卵形，具刺尖，基部楔形，近革质；花单生；花冠蝶形，黄色带红；荚果圆筒形。花期4—6月，果期6—7月。

【生态习性】生于山坡及沟谷。喜光，耐寒，适应性强，耐旱，耐瘠薄，喜温暖、湿润，排水良好的沙质壤土，忌湿涝。

【观赏特征】枝繁叶茂，花冠蝶形，形似金雀，花、叶、枝可供观赏。

【分布】小北湖。

红花锦鸡儿

12. 紫荆

拉丁名：*Cercis chinensis*

【分类】豆科（Fabaceae）紫荆属（*Cercis*）

【形态特征】丛生或单生灌木，树皮和小枝灰白色；叶纸质，近圆形或三角状圆形，宽与长相若或略短于长，先端急尖，基部浅至深心形，两面通常无毛，嫩叶绿色，仅叶柄略带紫色，叶缘膜质透明，新鲜时明显可见；荚果扁狭长形，绿色。花期3—4月，果期8—10月。

【生态习性】暖温带树种，较耐寒，喜光，稍耐阴。喜肥沃、排水良好的土壤，不耐湿。

【观赏特征】叶大花繁，早春先花后叶，满枝紫红艳丽，形似彩蝶。

【分布】小北湖、东湖、西湖。

紫　荆

13. 紫穗槐

拉丁名：*Amorpha fruticosa*

【分类】豆科（Fabaceae）紫穗槐属（*Amorpha*）

【形态特征】落叶灌木；小枝灰褐色；叶互生，奇数羽状复叶，小叶卵形或椭圆形，先端圆形，锐尖或微凹；穗状花序，枝端腋生，紫色；荚果下垂，微弯曲，顶端具小尖，棕褐色。花、果期5—10月。

【生态习性】耐寒性强，耐干旱能力强，耐水淹，对光线要求充足，土壤适应性强。

【分布】小北湖。

紫穗槐

14. 枸骨

拉丁名：*Ilex cornuta*

【分类】冬青科（Aquifoliaceae）冬青属（*Ilex*）

【形态特征】常绿灌木；叶片厚革质，四角状长圆形或卵形，先端具3枚尖硬刺齿，中央刺齿常反曲，叶面深绿色，具光泽，背淡绿色，无光泽；花淡黄色，果球形，成熟时鲜红色。花期4—5月，果期10—12月。

【生态习性】喜光，稍耐阴，喜温暖气候及肥沃、湿润而排水良好之微酸性土壤，耐寒性不强。

【观赏特征】叶形奇特，四季常绿，秋季果实累累，颇具观赏价值。

【分布】小北湖、东湖、西湖。

枸骨

15. 无刺枸骨

拉丁名：*Ilex cornuta* 'National'

【分类】冬青科（Aquifoliaceae）冬青属（*Ilex*）

【**形态特征**】常绿灌木；叶硬革质，椭圆形，全缘，叶尖为骤尖，叶面绿色，有光泽，叶互生；伞形花序，花米色；果球形，成熟后红色。花期4—5月，果期10—12月。

【**生态习性**】喜光，喜温暖，喜湿润和排水良好的酸性和微碱性土壤，有较强抗性，耐修剪。

【**观赏特征**】叶片终年浓绿，秋季果实累累，鲜艳夺目。

【**分布**】东湖、西湖。

无刺枸骨

16. 冬青卫矛

拉丁名：*Euonymus japonicus*

【**分类**】卫矛科（Celastraceae）卫矛属（*Euonymus*）

【**形态特征**】常绿灌木；小枝四棱，叶革质，有光泽，倒卵形或椭圆形，边缘具有浅细钝齿；聚伞花序，花白绿色；蒴果近球状。花期6—7月，果熟期9—10月。

【**生态习性**】喜光，亦较耐阴，喜温暖湿润气候亦较耐寒，要求肥沃疏松的土壤，极耐修剪整形。

冬青卫矛

【**观赏特征**】叶片光亮，果裂亦红，甚为美观，堪称观赏佳木。

【**分布**】小北湖、东湖、西湖、北湖均有分布。

17. 木芙蓉

拉丁名：*Hibiscus mutabilis*

【**分类**】锦葵科（Malvaceae）木槿属（*Hibiscus*）

【**形态特征**】落叶灌木；叶宽卵形至圆卵形或心形，先端渐尖，具钝圆锯齿；花单生于枝端叶腋间，花初开时白色或淡红色，后变深红色；蒴果扁球形，被淡黄色刚毛和绵毛。花期8—10月。

木芙蓉

木 槿

【生态习性】喜光，稍耐阴；喜温暖湿润气候，不耐寒，喜肥沃湿润而排水良好的砂壤土。

【观赏特征】春季梢头嫩绿，生机盎然；夏季浓荫覆地；秋季花团锦簇，形色兼备；冬季褪去树叶，尽显扶疏枝干，寂静中孕育新的生机；一年四季，各有风姿和妙趣。

【分布】西湖。

18. 木槿

拉丁名：*Hibiscus syriacus*

【分类】锦葵科（Malvaceae）木槿属（*Hibiscus*）

【形态特征】落叶灌木；叶菱形至三角状卵形，边缘具不整齐齿缺；花单生于枝端叶腋间，花朵色彩有纯白、淡粉红、淡紫、紫红等，花形呈钟状，有单瓣、复瓣、重瓣几种；蒴果卵圆形。花期7—10月。

【生态习性】对环境适应性很强，较耐干燥和贫瘠，对土壤要求不严格。稍耐阴，喜温暖、湿润气候。

【观赏特征】夏、秋季开花，花期长，花色、花型多，是优良的园林观花树种。

【分布】小北湖、东湖、西湖。

19. 紫薇

拉丁名：*Lagerstroemia indica*

【分类】千屈菜科（Lythraceae）紫薇属（*Lagerstroemia*）

【形态特征】落叶小乔木或灌木；小枝略呈四棱形；叶对生或近于对生，椭圆形，全缘，先端尖，基部阔圆；花圆锥状丛生于枝顶，花被皱缩，鲜红、粉红或白色；蒴果广椭圆形。花期7—9月，果期9—11月。

【生态习性】阳性树种，喜温暖，较耐寒，对土壤要求不严，喜石灰性土壤，在肥沃湿润的土壤上生长良好，较耐水湿，也能耐旱。

【观赏特征】树姿优美，枝干屈曲，花色鲜艳，且于夏秋少花季节开花，为园林中夏秋季重要观花树种。

【分布】小北湖、东湖、西湖。

紫　薇

20. 花叶青木

拉丁名：*Aucuba japonica var. variegata*

【分类】山茱萸科（Cornaceae）桃叶珊瑚属（*Aucuba*）

【形态特征】常绿灌木；树皮初时绿色，平滑，后转为灰绿色；叶对生，矩圆形，缘疏生粗齿牙，两面油绿而富光泽，叶面黄斑累累，酷似洒金；花单性，雌雄异株，为顶生圆锥花序，花紫褐色；核果长圆形。花期3—4月，果期8—10月。

【生态习性】适应性强，性喜温暖阴湿环境，不甚耐寒，在林下疏松肥沃的微酸性土或中性壤土生长繁茂，阳光直射而无庇荫之处则生长缓慢，发育不良。

【观赏特征】枝繁叶茂，凌冬不凋，是珍贵的耐阴灌木。

【分布】西湖。

花叶青木

21. 连翘

拉丁名：*Forsythia suspensa*

【分类】木樨科（Oleaceae）连翘属（*Forsythia*）

【形态特征】落叶灌木；茎直立，枝开展或下垂，棕色、棕褐色或淡黄褐色，略呈四棱形，疏生皮孔，节间中空，节部具实心髓；单叶对生或3裂至羽状三出复叶无毛，除基部外具粗锯齿；先花后叶，花黄色；蒴果卵球形，疏生皮孔。花期3—4月，果期7—9月。

【生态习性】喜光，稍耐阴，喜温暖湿润气候，较耐寒，较耐湿。对土壤要求不严，耐干旱、瘠薄，在中性、微酸或微碱的土壤上均能生长良好。

【观赏特征】树姿优美，枝条舒展。钟形的金黄色花朵挂满整个枝条，且花期长，花量多，清香淡雅，令人赏心悦目。

【分布】小北湖、东湖。

连 翘

22. 金钟花

拉丁名：*Forsythia viridissima*

【分类】木樨科（Oleaceae）连翘属（*Forsythia*）

【形态特征】落叶灌木；枝棕褐色或红棕色，直立，小枝绿色或黄绿色，呈四棱形，皮孔明显，具片状髓；单叶对生，椭圆形至披针形；花着生于叶腋，先于叶开放，深黄色；花期3—4月，果期8—11月。

【**生态习性**】喜光，略耐阴。喜温暖、湿润环境，较耐寒。适应性强，对土壤要求不严，耐干旱，较耐湿。在温暖湿润、背风面阳处生长良好。

【**观赏特征**】先叶而花，金黄灿烂，可丛植于草坪、墙隅、路边、树缘，院内庭前等处。

【**分布**】东湖、西湖。

金钟花

23. 金叶女贞

拉丁名：*Ligustrum × vicaryi*

【**分类**】木樨科（Oleaceae）女贞属（*Ligustrum*）

【**形态特征**】落叶灌木；叶薄革质，单叶对生，椭圆形或卵状椭圆形，先端尖，全缘，新叶金黄色；总状花序，花为两性，呈筒状白色小花；核果椭圆形。花期5—6月，果期10月。

【**生态习性**】性喜光，耐荫性较差，耐寒力中等。耐干旱，对土壤要求不严格，以疏松肥沃、通透性良好的沙壤土为最佳。

金叶女贞

小叶女贞

【观赏特征】枝叶浓密旺盛，生长季节叶色呈鲜丽的金黄色，美丽别致。

【分布】小北湖、东湖。

24. 小叶女贞

拉丁名：*Ligustrum quihoui*

【分类】木樨科（Oleaceae）女贞属（*Ligustrum*）

【形态特征】落叶灌木；小枝淡棕色，圆柱形；叶片薄革质，披针形、长圆状椭圆形、椭圆形、倒卵状长圆形至倒披针形或倒卵形，叶缘反卷，上面深绿色，下面淡绿色；圆锥花序顶生，花白色；果倒卵形、宽椭圆形或近球形，紫黑色。花期5—7月，果期8—11月。

【生态习性】喜光照，稍耐荫，较耐寒，性强健，耐修剪，萌发力强。生沟边、路旁或河边灌丛中，或山坡。

【观赏特征】主枝叶紧密、圆整，树条柔嫩易扎定型，极富自然野趣。

【分布】小北湖、东湖、西湖、北湖均有分布。

25. 银姬小蜡

拉丁名：*Ligustrum sinense var. variegatum*

【分类】木樨科（Oleaceae）女贞属（*Ligustrum*）

【形态特征】常绿灌木或小乔木；树皮平滑，褐色、灰色；叶对生，叶厚纸质或薄革质，椭圆形或卵形，叶缘镶有乳白色边环；圆锥花序顶生或腋生，花冠白色；核果近球形。花期4—6月，果期9—10月。

银姬小蜡

【生态习性】稍耐荫，对土壤适应性强，对严寒、酷热、干旱、瘠薄、强光均有较强的适应能力。

【观赏特征】色彩独特，叶小枝细，是优良的观叶植物。

【分布】西湖。

26. 迎春花

拉丁名：*Jasminum nudiflorum*

【分类】木樨科（Oleaceae）素馨属（*Jasminum*）

【形态特征】落叶灌木；直立或匍匐，枝条下垂。枝稍扭曲，光滑无毛，小枝四棱形，棱上多少具狭翼；叶对生，三出复叶，小枝基部常具单叶；花单生于去年生小枝的叶腋，金黄色，外染红晕，花期2—4月。

【生态习性】喜光，稍耐阴，略耐寒，怕涝，要求温暖而湿润的气候，在酸性土中生长旺盛，碱性土中生长不良。

【观赏特征】枝条披垂，冬末至早春先花后叶，花色金黄，叶丛翠绿。

【分布】小北湖、东湖、西湖。

迎春花

27. 野迎春

拉丁名：*Jasminum mesnyi*

【分类】木樨科（Oleaceae）素馨属（*Jasminum*）

【形态特征】常绿灌木，枝细长拱形，柔软下垂，四棱形，小枝无毛。三出复叶，对生，小叶长椭圆状披针形，基部渐狭成短梗，3—4月开花，花单生于小枝端部，淡黄色，有叶状苞片，常重瓣。

【生态习性】喜光，稍耐阴。喜温暖，

野迎春

略耐寒，对土壤的要求不严，耐干旱，瘠薄，但在土层深厚肥沃及排水良好的土壤中生长良好。

【观赏价值】枝叶垂悬，树姿婀娜，春季黄花绿叶相衬，宜栽于水边驳岸或土墙的边缘，或栽于路边林缘。

【分布】东湖。

28. 夹竹桃

拉丁名：*Nerium oleander*

【分类】夹竹桃科（Apocynaceae）夹竹桃属（*Nerium*）

夹竹桃

【形态特征】常绿灌木；枝条灰绿色；叶面深绿，叶背浅绿色，中脉在叶面陷入；聚伞花序顶生，花冠深红色、粉红色或白色；花期几乎全年，夏秋为最盛；蓇葖果长圆形，绿色；果期一般在冬春季。

【生态习性】喜温暖湿润的气候，稍耐寒，耐干旱，耐半阴，但庇荫处栽植花少色淡。萌蘖力强，树体受害后容易恢复。

【观赏特征】叶片如柳似竹，红花灼灼，胜似桃花，花冠粉红至深红或白色，有特殊香气。

【分布】东湖、西湖。

29. 牡荆

拉丁名：*Vitex negundo var. cannabifolia*

【分类】马鞭草科（Verbenaceae）牡荆属（*Vitex*）

【形态特征】落叶灌木或小乔木；小枝四棱形；叶对生，掌状复叶；小叶片披针形或椭圆状披针形，顶端渐尖，基部楔形，边缘有粗锯齿，表面绿色，背面淡绿色，常被柔毛；圆锥花序顶

牡 荆

生，花冠淡紫色；果实近球形，黑色。花期6—7月，果期8—11月。

【生态习性】喜光，耐荫，耐寒耐热，即使是对贫瘠的土地也有较强的适应性。

【观赏特征】花色淡雅，分外清新。

【分布】东湖、西湖。

30. 枸杞

拉丁名：*Lycium chinense*

【分类】茄科（Solanaceae）枸杞属（*Lycium*）

【形态特征】落叶灌木；枝条细弱，弓状弯曲或俯垂，淡灰色，小枝顶端锐尖成棘刺状；叶纸质；花腋生，紫色；浆果卵形或长圆形，深红色或橘红色。花期6—9月，果期7—10月。

【生态习性】喜冷凉气候，耐寒力很强，对土壤要求不严，耐盐碱，耐肥，耐旱，怕水渍。

【观赏特征】树形婀娜，叶翠绿，花淡紫，果实鲜红，是很好的观赏植物。

【分布】小北湖、东湖、西湖、北湖均有分布。

枸　杞

31. 锦带花

拉丁名：*Weigela florida*

【分类】忍冬科（Caprifoliaceae）锦带花属（*Weigela*）

【形态特征】落叶灌木；树皮灰色；叶矩圆形、椭圆形至倒卵状椭圆形，叶缘有锯齿，被毛；花单生或成聚伞花序生于侧生短枝的叶腋或枝顶，紫红色或玫瑰红色；蒴果。

花期4—6月，果期10月。

【生态习性】阳性，较耐阴，耐寒，耐旱，怕积水，耐修剪。

【观赏特征】夏初开花，花朵密集，花冠胭脂红色，艳丽悦目。

【分布】西湖。

园艺品种红王子锦带花（*Weigela florida* 'Red Prince'），花大，鲜红色，分布于东湖。

锦带花

32. 六道木

拉丁名：*Abelia biflora*

【分类】忍冬科（Caprifoliaceae）六道木属（*Abelia*）

【形态特征】落叶灌木；幼枝被倒生硬毛，老枝无毛；叶矩圆形至矩圆状披针形，顶端尖至渐尖，上面深绿色，下面绿白色，叶柄被硬毛；花单生于小枝上叶腋，花冠白、淡黄或带浅红色，窄漏斗形或高脚碟形，早春开花；果期8—9月。

【生态习性】耐半阴，耐寒，耐旱，生长快，耐修剪，喜温暖、湿润气候，亦耐干旱瘠薄。

【观赏特征】枝叶婉垂，树姿婆娑，叶秀花美。

【分布】小北湖。

六道木

33. 日本珊瑚树

拉丁名：*Viburnum odoratissimum var. awabuki*

【分类】忍冬科（Caprifoliaceae）荚蒾属（*Viburnum*）

【形态特征】常绿灌木；叶革质，椭圆形至矩圆形或矩圆状倒卵形至倒卵形，有时近圆形；圆锥花序顶生或生于侧生短枝上，花芳香，花冠白色，后变黄白色，有时微红，辐状；果实先红色后变黑色，卵圆形或卵状椭圆形。花期4—5月，果熟期7—9月。

【生态习性】喜温暖、稍耐寒，喜光，稍耐阴。在潮湿、肥沃的中性土壤中生长迅速旺盛，也能适应酸性或微碱性土壤。

【观赏特征】枝繁叶茂，叶片亮绿，红果如珊瑚。

【分布】东湖。

日本珊瑚树

34. 接骨木

拉丁名：*Sambucus williamsii*

【分类】忍冬科（Caprifoliaceae）接骨木属（*Sambucus*）

【形态特征】落叶灌木；茎无棱，多分枝，灰褐色，无毛；叶对生，单数羽状复叶；花与叶同出，圆锥形聚伞花序顶生，花冠蕾时带粉红色，开后白色或淡黄色；果实红色，极少蓝紫黑色，卵圆形或近圆形。花期4—5月，果期7—9月。

【生态习性】根系发达，萌蘖性强；对气候要求不严，喜阳，但又稍耐荫蔽；喜肥沃、疏松的土壤。

【观赏特性】枝叶繁茂，春季白花满树，夏秋红果累累。

【分布】小北湖。

接骨木

35. 金丝桃

金丝桃

拉丁名：*Hypericum monogynum*

【分类】藤黄科（Guttiferae）金丝桃属（*Hypericum*）

【形态特征】常绿或半常绿灌木；叶对生，倒披针形或椭圆形至长圆形；花序近伞房状，花星状，金黄色至柠檬黄色；蒴果卵圆形，种子深红褐色。花期5—8月，果期8—9月。

【生态习性】喜温暖湿润气候，喜光，稍耐阴，较耐寒，对土壤要求不严。

【观赏特征】花叶秀丽，金色的花丝密集而纤细，犹如金丝，独特而美丽。

【分布】西湖。

4.3 草本植物

1. 白茅

拉丁名：*Imperata cylindrica*

【分类】禾本科（Poaceae）白茅属（*Imperata*）

【形态特征】多年生草本；根状茎，直立丛生，节上具柔毛；分蘖叶扁平，质薄；秆生叶片长窄线形，常内卷，质硬，被白粉，基部具柔毛；圆锥花序密生丝状白柔毛；颖果椭圆形。花果期4—6月。

【生态习性】适应性强，耐荫、耐瘠薄和干旱，喜湿润疏松土壤。

【分布】小北湖、东湖、西湖、北湖均有分布。

白 茅

2. 细茎针茅

拉丁名：*Stipa tenuissima*

【分类】禾本科（Poaceae）针茅属（*Stipa*）

【形态特征】多年生草本；丛生状，株高50～70cm；秆细弱，有2～4节，节间圆柱状；叶簇生于基部，纤细，常丝状卷绕，长约40～50cm，顶部锐尖；圆锥花序狭长，下垂，银白色，长约15～30cm，小穗有细长的芒。花期5—8月。

【生态习性】喜光照充足或部分遮阴，耐寒性强，耐贫瘠，抗干旱，适宜排水良好的沙壤土，可生长在pH值5.8～8.0的土壤内。

【观赏特征】株丛优雅苗条，叶细质柔，微风摇曳，甚为美观。

【分布】西湖。

细茎针茅

3. 稗

拉丁名：*Echinochloa crus-galli*

【分类】禾本科（Poaceae）稗属（*Echinochloa*）

【形态特征】一年生草本；秆光滑无毛；叶扁平线形，无毛，边缘粗糙，叶鞘平滑，无叶舌；圆锥花序直立，轴具棱，有粗糙或具疣基刺毛；颖果椭圆形，骨质，有光泽。花、果期夏秋季。

【生态习性】适应性强，喜温暖水湿，耐干旱和盐碱，抗寒。多生于沼泽地、沟边及

稗

鹅观草

水稻田中。

【分布】小北湖、东湖、西湖。

4. 鹅观草

拉丁名：*Roegneria kamoji*

【分类】禾本科（Poaceae）鹅观草属（*Roegneria*）

【形态特征】多年生草本；秆直立或基部倾斜；叶扁平，叶鞘缘常具纤毛；穗状花序弯曲或下垂；小穗绿色或带紫色；颖卵状披针形，先端锐尖至具短芒，边缘膜质；第一外稃先端延伸成粗糙芒，劲直或上部稍有曲折；内稃约与外稃等长，脊显著具翼，翼缘具细小纤毛。

【生态习性】抗寒力强，不耐旱，喜肥沃、湿润的土壤；在含盐量0.3%的海边及瘠薄的废弃地上亦能生长。

【观赏特征】叶片质地柔软，花序穗状弯曲下垂，随风摇曳，姿态别致，具有一定观赏价值。

【分布】小北湖。

5. 金色狗尾草

拉丁名：*Setaria pumila*

【分类】禾本科（Poaceae）狗尾草属（*Setaria*）

【形态特征】一年生草本；秆光滑无毛；叶线状披针形或狭披针形；圆锥花序紧密直立，轴具短细柔毛，刚毛金黄色或稍带褐色，通常在一簇中仅具一个发育的小穗；鳞被楔形。花果期6—10月。

【生态习性】适生性强，耐旱耐贫

金色狗尾草

瘠，酸性或碱性土壤均可生长。

【观赏特征】叶多而柔嫩，金黄色花序随风拂动，极具野趣。

【分布】小北湖。

6. 狗尾草

拉丁名：*Setaria viridis*

【分类】禾本科（Poaceae）狗尾草属（*Setaria*）

【形态特征】一年生草本植物。根为须状；茎直立；叶片扁平，长三角状狭披针形或线状披针形，边缘粗糙；圆锥花序紧密呈圆柱状，直立或稍弯垂，主轴被较长柔毛，刚毛绿色或褐黄到紫红或紫色；颖果灰白色。花果期5—10月。

【生态习性】适生性强，耐旱耐贫瘠，酸性或碱性土壤均可生长。

【观赏特征】叶多而柔嫩，花序随风拂动，极具野趣。

【分布】小北湖、东湖、西湖、北湖均有分布。

狗尾草

7. 荩草

拉丁名：*Arthraxon hispidus*

【分类】禾本科（Poaceae）荩草属（*Arthraxon*）

【形态特征】一年生草本；秆细弱，具多节，常分枝，基部节着地易生根；叶片卵状披针形，基部心形，生短硬疣毛；总状花序；无柄小穗卵状披针形，呈两侧压扁，灰绿色或带紫，有柄小穗柄极短；颖果长圆形。花果期9—11月。

【生态习性】适应性强，耐瘠薄，耐践踏，在山石坡面、嵌草砖、受践踏较严重的绿地都可较好生长。

荩 草

【观赏特征】叶形如竹叶，青翠欲滴，有较好的观赏价值。

【分布】小北湖、东湖、西湖、北湖均有分布。

8. 看麦娘

拉丁名：*Alopecurus aequalis*

【分类】禾本科（Poaceae）看麦娘属（*Alopecurus*）

【形态特征】一年生草本；秆少数丛生，光滑；叶扁平，叶鞘光滑，短于节间，叶舌膜质；圆锥花序，灰绿色；小穗椭圆形或卵状长圆形；颖膜质，基部互相连合，具3脉，脊上有细纤毛，侧脉下部有短毛；外稃膜质，等大或稍长于颖，下部边缘互相连合，芒长1.5～3.5mm，隐藏或稍外露；颖果。花果期4—8月。

【生态习性】喜寒冷、湿润气候，不耐干旱和炎热。喜湿润而有机质含量多的黏壤土、黏土。酸性土、盐碱土生长不良。

【分布】小北湖、东湖、西湖。

看麦娘

9. 狼尾草

拉丁名：*Pennisetum alopecuroides*

【分类】禾本科（Poaceae）狼尾草属（*Pennisetum*）

【形态特征】多年生草本；须根较粗壮，秆直立，丛生；叶片线形，先端长渐尖，基部生疣毛；圆锥花序直立；颖果长圆形。

【生态习性】喜光照，耐旱，耐湿，亦能耐半阴，抗寒性强。适合温暖、湿润的气候条件，当气温达到20℃以上时，生长速度加快。

【观赏特征】园林用作观赏草。

【分布】东湖、西湖、北湖。

园艺品种小兔子狼尾草（*Pennisetum alo-*

狼尾草

pecuroides'*Little Bunny*'），株高 15～30cm，是最低矮的观赏狼尾草；花序繁密整齐，花絮白色，毛绒状；盛夏开花时植株如喷泉。分布于小北湖、东湖、西湖。

10. 马唐

拉丁名：*Digitaria sanguinalis*

【分类】禾本科（Poaceae）马唐属（*Digitaria*）

【形态特征】一年生草本；秆直立或下部倾斜，近无毛；叶片线状披针形，叶鞘短于节间，无毛或散生疣基柔毛；总状花序；穗轴两侧具宽翼，边缘粗糙；小穗椭圆状披针形。花果期6—9月。

【生态习性】适应性强，喜湿，喜光，对土壤要求不严格。

【分布】小北湖、东湖、西湖、北湖均有分布。

马 唐

11. 斑叶芒

拉丁名：*Miscanthus sinensis*'*Zebrinus*'

【分类】禾本科（Poaceae）芒属（*Miscanthus*）

【形态特征】多年生草本；丛生状；叶片下面疏生柔毛并被白粉，具黄白色环状斑；圆锥花序扇形，小穗成对着生，基盘有白至淡黄褐色丝状毛，秋季形成白色大花序。

【生态习性】喜光，耐半荫，性强健，抗性强。

【观赏特征】茎挺立，叶斑独特，叶形美丽，穗状花序可持续整个冬季，园林用作观赏草。

【分布】小北湖、西湖。

斑叶芒

12. 芒

拉丁名：*Miscanthus sinensis*

【分类】禾本科（Poaceae）芒属（*Miscanthus*）

【形态特征】多年生草本；丛生状，秆高1～2m；叶片线形，长20～50cm，宽6～10mm，下面疏生柔毛并被白粉，边缘粗糙；圆锥花序直立，小穗披针形，黄色有光泽，其盘具等长于小穗的白色或淡黄色的丝状毛；颖果长圆形，暗紫色。花果期7—12月。

芒

细叶芒

【生态习性】喜光，性强健，抗性强。

【观赏特征】园林用作观赏草，茎挺立，叶形美丽。

【分布】小北湖、东湖、西湖。

13. 细叶芒

拉丁名：*Miscanthus sinensis* 'Gracillimus'

【分类】禾本科（Poaceae）芒属（*Miscan-thus*）

【形态特征】多年生草本；叶直立、纤细，顶端呈弓形；顶生圆锥花序，花期9—10月，花色由最初的粉红色渐变为红色，秋季转为银白色。

【生态习性】耐半荫，耐旱，也耐涝。

【观赏特征】姿态婆娑，叶纤细，园林中用作观赏草。

【分布】小北湖、东湖、西湖。

14. 蒲苇

拉丁名：*Cortaderia selloana*

【分类】禾本科（Poaceae）蒲苇属（*Cortaderia*）

【形态特征】多年生草本；秆高大粗壮，丛生，高2～3m；叶片质硬，狭窄，簇生于秆基，边缘具锯齿状粗糙；圆锥花序大型稠密，银白色至粉红色。花期9—10月。

【生态习性】性强健，耐寒，喜温暖湿润、阳光充足气候。

【观赏特征】花穗长而美丽，壮观而雅致。

【分布】小北湖、东湖、西湖、北湖均有分布。

园艺品种花叶蒲苇（*Cortaderia selloana* 'Silver Comet'），叶边缘乳白色，主要分布于东湖、西湖。

园艺品种矮蒲苇（*Cortaderia selloana* 'Pumila'），株高1.2~2m，主要分布于东湖、西湖。

蒲苇

15. 求米草

拉丁名：*Oplismenus undulatifolius*

【分类】禾本科（Poaceae）求米草属（*Oplismenus*）

【形态特征】多年生草本；秆纤细，基部平卧地面，节处生根；叶片扁平，披针形至卵状披针形，先端尖，基部略圆形而稍不对称，通常具细毛；圆锥花序长2~10cm。

【生态习性】极耐荫，有很强的适应能力。

【观赏特征】植株矮小，姿态优雅，小花玲珑秀丽。

【分布】小北湖。

求米草

16. 双穗雀稗

拉丁名：*Paspalum distichum*

【分类】禾本科（Poaceae）雀稗属（*Paspalum*）

双穗雀稗

【形态特征】多年生草本；匍匐茎横走、粗壮，叶鞘边缘或上部被柔毛；总状花序2枚对连，小穗倒卵状长圆形。花果期5—9月。

【生态习性】喜潮湿、半积水的水边、沟旁。

【分布】西湖。

17. 雀麦

拉丁名：*Bromus japonicus*

【分类】禾本科（Poaceae）雀麦属（*Bromus*）

雀　麦

【形态特征】一年生草本；叶片条形，被柔毛，叶鞘闭合，被柔毛；圆锥花序疏展下垂，分枝上部着生1～4枚黄绿色小穗，其上密生7～11小花；颖果长7～8mm。花果期5—7月。

【生态习性】喜温、耐寒，抗旱能力强，适应性强，对土壤要求不高。

【分布】小北湖。

18. 牛筋草

拉丁名：*Eleusine indica*

【分类】禾本科（Poaceae）穇属（*Eleusine*）

【形态特征】一年生草本；丛生，根系发达；叶片线形，无毛或上面被疣基柔毛；叶鞘两侧压扁而具脊，无毛或疏生疣毛；穗状花序；囊果卵形，具明显的波状皱纹。花果期6—10月。

【生态习性】喜光，根系发达，对土壤要求不高，多生于荒芜之地及道路旁。

【分布】小北湖、东湖、西湖、北湖均有分布。

牛筋草

19. 野燕麦

拉丁名：*Avena fatua*

【分类】禾本科（Poaceae）燕麦属（*Avena*）

【形态特征】一年生草本；秆直立，光滑无毛，叶鞘松弛，叶舌透明膜质，叶片扁平；圆锥花序开展，金字塔形；颖果被淡棕色柔毛，腹面具纵沟。花果期4—9月。

【生态习性】性喜凉，适应性较强，多生于荒芜田野或田间。

【分布】小北湖。

野燕麦

20. 粉黛乱子草

拉丁名：*Muhlenbergia capillaris*

【分类】禾本科（Poaceae）乱子草属（*Muhlenbergia*）

【形态特征】多年生草本；匍匐茎被鳞，丛生；顶端呈拱形，绿色叶片纤细；顶生云雾状粉色花絮，花期9—11月。

【生态习性】喜光照，耐半阴，耐水湿、耐干旱、耐贫瘠、耐盐碱，在潮湿但排水良好的土壤中生长良好。

【观赏特征】秋季粉红色或紫红色花盛开，色彩绚烂明亮，远看如红色云雾，蔚为壮观，观赏效果极佳。

【分布】西湖。

粉黛乱子草

21. 蓝滨麦

拉丁名：*Leymus condensatus*

【分类】禾本科（Poaceae）赖草属（*Leymus*）

【形态特征】多年生草本；直立丛生；叶片线形，蓝灰色，秋天逐渐变为黄色；花棕

蓝滨麦

小盼草

碎米莎草

色，花期8月到次年2月。

【生态习性】喜光，适应能力强，较耐寒，耐贫瘠，对土壤要求不严。

【观赏特征】叶子多彩，秋天色彩最丽；耐寒，花期长。

【分布】西湖。

22. 小盼草

拉丁名：*Chasmanthium latifolium*

【分类】禾本科（Poaceae）小盼草属（*Chasmanthium*）

【形态特征】多年生草本；直立丛生；叶条形，扁平；圆锥花序，花茎弧曲，具多数穗状花序，小穗宽卵形，扁平，悬垂。花果期秋季。

【生态习性】性喜阳光，不耐荫，耐寒，不耐酷热，耐旱，耐贫瘠；以肥沃、排水良好的土壤为宜。

【观赏特征】叶色翠绿，小穗奇特美观，极具观赏性。

【分布】西湖。

23. 碎米莎草

拉丁名：*Cyperus iria*

【分类】莎草科（Cyperaceae）莎草属（*Cyperus*）

【形态特征】一年生草本；无根状茎，丛生；秆扁三棱形；叶基生，短于秆，叶鞘红棕色或棕紫色；叶状苞片3～5枚；穗状花序于长侧枝形成复出聚伞花序；小坚果三棱状，褐色。花果期6—10月。

【生态习性】生于湿润的农田、路旁或荒地。

【分布】小北湖。

24. 香附子

拉丁名：*Cyperus rotundus*

【分类】莎草科（Cyperaceae）莎草属（*Cyperus*）

【形态特征】多年生草本；秆细弱，锐三棱形；叶较多，短于秆；鞘棕色，常裂成纤维状；叶状苞片2～3（～5）枚，常长于花序；穗状花序稍疏松，小穗斜线形展开；小坚果三棱形，具细点。花果期5—11月。

【生态习性】喜光，喜生于疏松性土壤上，常生在湿地或水边。

【分布】小北湖、东湖、西湖。

香附子

25. 半夏

拉丁名：*Pinellia ternata*

【分类】天南星科（Araceae）半夏属（*Pinellia*）

【形态特征】多年生草本；球形块茎，叶基出，幼叶单叶全缘，卵状心形至戟形；老株叶3全裂，裂片长圆状椭圆形或披针形，全缘或具不明显的浅波状圆齿；肉穗花序，绿色，贴生于绿色或绿白色佛焰苞，花序柄长于叶柄；浆果卵形，黄绿色。花期5—7月，果8月成熟。

【生态习性】喜欢温暖阴湿的环境，忌暴晒；耐寒，不耐旱，以疏松透气的沙质壤土为宜。

【分布】小北湖。

半　夏

26. 金钱蒲

拉丁名：*Acorus tatarinowii*

【分类】天南星科（Araceae）菖蒲属（*Acorus*）

【形态特征】多年生草本；根茎较短，肉质，芳香；叶线形，厚质，绿色，干时灰绿或褐色，极狭，无中肋，平行脉多数；肉穗花序黄绿色；叶状佛焰苞短；果黄绿色。花期5—6月，果7—8月。

金钱蒲

天南星

【生态习性】喜温暖、阴凉、潮湿环境，耐寒，不耐旱，常见于水旁湿地及石上。

【观赏特征】叶色翠绿而有光泽，具有芳香，可用于岸边或林下地被。

【分布】东湖、西湖。

27. 天南星

拉丁名：*Arisaema heterophyllum*

【分类】天南星科（Araceae）天南星属（*Arisaema*）

【形态特征】多年生草本；具扁球形块茎；叶1枚，鸟足状分裂，裂片13～19，倒披针形至线状长圆形，全缘，叶柄长，粉绿色；佛焰苞粉绿色，肉穗花序两性；雌花序生于雄花序下部，雄花序单性，花药白色；雌花球形。浆果黄红色、红色，圆柱形。花期4—5月，果期7—9月。

【生态习性】喜湿润、疏松、肥沃的土壤，不耐旱，忌积水；干燥、黏重、涝洼积水地块生长不良。

【观赏特征】叶形美观，具有一定的观赏价值。

【分布】小北湖。

28. 饭包草

拉丁名：*Commelina benghalensis*

【分类】鸭跖草科（Commelinaceae）鸭跖草属（*Commelina*）

【形态特征】多年生草本；具匍匐茎，多分枝，被疏柔毛；叶卵形，互生，近无毛，叶鞘疏被长毛，叶柄明显；总苞片佛焰苞状，柄极短，与叶对生，常数个集于枝顶，下部合生成漏斗状；聚伞花序，花蓝色；蒴果椭圆形。花期夏秋，果期11—12月。

【生态习性】喜高温多湿，以湿润而肥沃土壤为佳。

【分布】小北湖。

饭包草

29. 鸭跖草

拉丁名：*Commelina communis*

【分类】鸭跖草科（Commelinaceae）鸭跖草属（*Commelina*）

【形态特征】一年生草本；匍匐茎，叶披针形至卵状披针形，叶序互生；聚伞花序，花瓣深蓝色；花苞呈佛焰苞状，绿色；蒴果椭圆形。花期7—9月，果期9—10月。

鸭跖草

【生态习性】喜温暖，湿润气候，喜光，稍耐阴，适应性强，但以土壤疏松、肥沃、排水良好的土壤为宜。

【分布】小北湖、东湖。

30. 薤白

拉丁名：*Allium macrostemon*

【分类】百合科（Liliaceae）葱属（*Allium*）

韭

吉祥草

【形态特征】多年生草本；鳞茎近球状，鳞茎外皮带黑色；叶3~5枚，半圆柱状或三棱状半圆柱形，中空，具沟槽，比花葶短；伞形花序，多花而密集，花淡紫色或淡红色。花果期5—7月。

【生态习性】土壤疏松肥沃、排水性良好且腐殖质丰富的环境下生长为佳。

【分布】小北湖、北湖。

31. 吉祥草

拉丁名：*Reineckea carnea*

【分类】百合科（Liliaceae）吉祥草属（*Reineckea*）

【形态特征】多年生草本；地下根茎匍匐，节处生根；叶呈带状披针形，端渐尖；花葶抽于叶丛，花内白色外紫红色，稍有芳香；浆果熟时鲜红色。花果期7—11月。

【生态习性】性喜温暖、湿润的环境，较耐寒耐阴，对土壤要求不高，以排水良好的肥沃壤土为宜。

【观赏特征】叶色翠绿，耐寒，耐阴，是良好的地被植物。

【分布】东湖。

32. 阔叶（山）麦冬

拉丁名：*Liriope muscari*

【分类】百合科（Liliaceae）山麦冬属（*Liriope*）

【形态特征】多年生草本；植株丛生；根多分枝，常局部膨大成纺锤形或圆矩形小块根；叶丛生，革质；花葶通常长于叶；总状花序，紫色。花期6月下旬—9月。

【生态习性】原生于热带、亚热带山地、山谷林下，喜阴湿温暖，稍耐寒。适应各种腐殖质丰富的土壤，以砂质壤土最好。

【观赏特征】四季常绿，即可观叶也可观花。

【分布】西湖。

园艺品种金边阔叶山麦冬（*Liriope musc-ari* 'Variegata'），叶边缘为金黄色，分布于西湖。

【分布】东湖。

金边阔叶山麦冬

33. 黄花菜

拉丁名：*Hemerocallis citrina*

【分类】百合科（Liliaceae）萱草属（*Hemerocallis*）

【形态特征】多年生草本；根近肉质；叶线形，基部抱茎，全缘；伞房花序，花多，淡黄色；蒴果钝三棱状椭圆形。花果期5—9月。

【生态习性】喜温暖，耐旱，不耐寒，对土壤要求不严。

【观赏特征】花朵呈淡黄色或者橘红色，十分美观。

【分布】东湖。

黄花菜

34. 萱草

拉丁名：*Hemerocallis fulva*

【分类】百合科（Liliaceae）萱草属（*Hemerocallis*）

【形态特征】多年生草本；根状茎粗短，具肉质纤维根，多数膨大呈窄长纺锤形；叶基生成丛，条状披针形；圆锥花序顶生，橘红色至橘黄色，花葶长于叶；蒴果嫩绿色。花果期5—7月。

【生态习性】性强健，耐寒，华北可露地

萱草

越冬，适应性强，对土壤要求不严。

【观赏特征】花色鲜艳，且春季萌发早，绿叶成丛极为美观。

【分布】东湖。

35. 麦冬

拉丁名：*Ophiopogon japonicus*

【分类】百合科（Liliaceae）沿阶草属（*Ophiopogon*）

【形态特征】多年生草本；根较粗，中间或近末端常膨大成椭圆形或纺锤形的小块根；茎很短，叶基生成丛，禾叶状；总状花序，白色或淡紫色；种子球形。花期5—8月，果期8—9月。

麦　冬

【生态习性】喜半阴，湿润而通风良好的环境，常野生于沟旁及山坡草丛中，耐寒性强。

【观赏特征】四季常绿，即可观叶也可观花。

【分布】小北湖、东湖、西湖。

36. 葱莲

拉丁名：*Zephyranthes candida*

【分类】石蒜科（Amaryllidaceae）葱莲属（*Zephyranthes*）

【形态特征】多年生草本；鳞茎卵形；叶狭线形，肥厚，亮绿色；花茎中空，花单生于花茎顶端，下有带褐红色的佛焰苞状总苞，花白色，外面常带淡红色；蒴果近球形。花期7—9月。

【生态习性】喜阳光充足，耐半阴与低湿，宜肥沃、带有黏性而排水好的土壤；较耐寒。

【观赏特征】叶色亮绿，繁茂的白色花朵高出叶端，给人以清凉舒适的感觉。

【分布】小北湖。

葱　莲

37. 鸢尾

拉丁名：*Iris pseudacorus*

【分类】鸢尾科（Iridaceae）鸢尾属（*Iris*）

【形态特征】多年生草本；叶基生，黄绿色，稍弯曲，宽剑形，基部鞘状，有数条不明显的纵脉；花蓝紫色；蒴果长椭圆形或倒卵形。花期4—5月，果期6—8月。

【生态习性】耐寒力强，喜阳光充足，亦耐半阴环境；适于生长在适度湿润、排水良好、富含腐殖质、略带碱性的黏性土壤中。

【观赏习性】叶片碧绿青翠，花形大而奇，宛若翩翩彩蝶。

【分布】小北湖、东湖、西湖。

鸢尾

38. 葎草

拉丁名：*Humulus scandens*

【分类】大麻科（Cannabaceae）葎草属（*Humulus*）

【形态特征】多年生或一年生之蔓性草本；茎粗糙，具倒钩刺；单叶，对生，3～7裂片，粗锯齿缘；单性花，雌雄异株；雄花成圆锥状的总状花序，瘦果扁球形。

葎草

【生态习性】性喜半阴，耐寒，耐旱，生长迅速，管理粗放，无需特别的照顾。

【分布】小北湖、东湖、西湖、北湖均有分布。

39. 冷水花

拉丁名：*Pilea notata*

【分类】荨麻科（Urticaceae）冷水花属（*Pilea*）

【形态特征】多年生草本；具匍匐茎，茎肉质；叶纸质，对生，稍不等大，狭卵形或

冷水花

苎 麻

卵形，叶缘有浅锯齿，基出3脉；聚伞花序，花浅粉白色；瘦果小，熟时绿褐色，有明显刺状疣点。花期6—9月，果期9—11月。

【生态习性】喜温暖、湿润的气候，耐阴性较强，耐水湿，以疏松、肥沃、排水良好的沙质土壤为佳。

【分布】小北湖。

40. 苎麻

拉丁名：*Boehmeria nivea*

【分类】荨麻科（Urticaceae）苎麻属（*Boehmeria*）

【形态特征】亚灌木或灌木。茎上部与叶柄均密被开展的长硬毛和近开展和贴伏的短糙毛；叶互生，叶片草质，圆卵形或宽卵形，先端骤尖，基部平截，具齿；圆锥花序腋生，雄团伞花序花少数，淡黄色；雌团伞花序花多数密集，淡绿黄色；瘦果近球形。花期8—10月。

【生态习性】喜温暖，对土壤要求不严，适应性强。

【分布】小北湖。

41. 萹蓄

拉丁名：*Polygonum aviculare*

【分类】蓼科（Polygonaceae）蓼属（*Polygonum*）

【形态特征】一年生草本；基部多分枝，具纵棱；单叶互生，椭圆形或披针形，全缘，无毛；花单生或簇生于叶腋，遍布植株，白色和淡红色；瘦果卵形。花期5—7月，果期6—8月。

萹 蓄

【生态习性】对气候的适应性强，耐寒，以排水良好的砂质壤土为佳。

【分布】小北湖、东湖、西湖。

42. 水蓼

拉丁名：*Polygonum hydropiper*

【分类】蓼科（Polygonaceae）蓼属（*Polygonum*）

【形态特征】一年生草本；茎红紫色；叶互生，披针形或椭圆状披针形，叶面有褐色斑；穗状花序下垂，顶生或腋生，花被绿色，上部白或淡红色；瘦果。花期5—9月，果期6—10月。

【生态习性】喜湿润、肥厚的沙质黏土土壤，要保证充足的水源，忌干燥、干旱。

【观赏特征】秋季水边的水蓼花盛开，如粉色花毯，平添秋色，格外美丽。

【分布】小北湖。

水　蓼

43. 酸模叶蓼

拉丁名：*Polygonum lapathifolium*

【分类】蓼科（Polygonaceae）蓼属（*Polygonum*）

【形态特征】一年生草本；茎直立；叶互生，叶片披针形、长圆状披针形，上面有新月形斑点；数个穗状花序组成圆锥状，花紧密，花被4（5）深裂，淡红或白色；瘦果宽卵形。花期6—8月，果期7—9月。

【生态习性】适应性较强，是旱田和水田及其周边较常见的杂草。

【分布】小北湖。

酸模叶蓼

44. 酸模

拉丁名：*Rumex acetosa*

【分类】蓼科（Polygonaceae）酸模属（*Rumex*）

【形态特征】多年生草本；具肉质须根；茎直立；基生叶和茎下部叶箭形，全缘或微波状，具长柄；圆锥状花序，顶生；花单性，雌雄异株，花被片6个，红色；瘦果椭圆形，黑褐色，有光泽。花期5—7月，果期6—8月。

【生态习性】喜光照，较耐寒，在排水性能好、酸碱度适中的土中生长最佳。

【分布】小北湖、东湖。

酸 模

45. 地肤

拉丁名：*Kochia scoparia*

【分类】藜科（Chenopodiaceae）地肤属（*Kochia*）

【形态特征】一年生草本；茎直立，基部分枝多而细；叶扁平，互生，线状披针形，基部渐窄成短柄；穗状花序，花极小，红褐色；胞果扁球形。花期6—9月，果期7—10月。

【生态习性】喜温、喜光、耐干旱，不耐寒，对土壤要求不严格，较耐碱性土壤。

【分布】小北湖、东湖、西湖。

地 肤

46. 灰绿藜

拉丁名：*Chenopodium glaucum*

【分类】藜科（Chenopodiaceae）藜属（*Chenopodium*）

【形态特征】一年生草本；茎具条棱及绿色或紫红色色条；叶互生，矩圆状卵形至披针形，边缘具缺刻状齿，上面深绿色，下面被白粉，灰白色，有稍带紫红色；数花聚成团伞花序，再着生

灰绿藜

于分枝上成穗状或圆锥状花序；胞果。花果期5—10月。

【生态习性】生于农田、菜园、水边等有轻度盐碱的土壤上。

【分布】小北湖。

47. 小藜

拉丁名：*Chenopodium ficifolium*

【分类】藜科（Chenopodiaceae）藜属（*Chenopodium*）

【形态特征】一年生草本；茎具条棱及绿色色条；叶互生，卵状矩圆形，三浅裂，中裂片缘具深波状锯齿；侧裂片各具2浅裂齿；圆锥状花序顶生，花两性；胞果。花期4—5月。

【生态习性】对环境适应性强，常生于农田、河滩、荒地和沟谷湿地等。

【分布】小北湖。

小　藜

48. 藜（灰灰菜）

拉丁名：*Chenopodium album*

【分类】藜科（Chenopodiaceae）藜属（*Chenopodium*）

【形态特征】一年生草本；茎粗壮，具条棱及绿色或紫红色色条，多分枝；叶片菱状卵形至宽披针形，上面黄绿色，嫩叶上面有紫红色粉，下面被粉，叶缘具不整齐锯齿；圆锥花序腋生或顶生，黄绿色；胞果。花果期5—10月。

藜

【生态习性】对环境适应性强，生于田间、路边、荒地、宅旁等地。

【分布】小北湖、东湖、西湖。

49. 喜旱莲子草（空心莲子草）

拉丁名：*Alternanthera philoxeroides*

【分类】苋科（Amaranthaceae）莲子草属（*Alternanthera*）

【形态特征】多年生草本；茎基部匍匐；叶片矩圆形、矩圆状倒卵形或倒卵状披针

喜旱莲子草

牛　膝

青　葙

形，全缘；花密生，成具总花梗的头状花序，白色。花期5—10月。

【生态习性】生命力强，适应性广，生长繁殖迅速，水陆均可生长。

【分布】小北湖、东湖、西湖。

50. 牛膝

拉丁名：*Achyranthes bidentata*

【分类】苋科（Amaranthaceae）牛膝属（*Achyranthes*）

【形态特征】多年生草本；茎有棱角，绿色或带紫色，几无毛，节部膝状膨大，分枝对生；叶片椭圆形或椭圆披针形，两面及叶柄被柔毛；穗状花序顶生及腋生，花多数，密生；胞果矩圆形。花期7—9月，果期9—10月。

【生态习性】喜光，不耐寒，以干燥、排水良好的砂质壤土种植为宜。

【分布】小北湖。

51. 青葙

拉丁名：*Celosia argentea*

【分类】苋科（Amaranthaceae）青葙属（*Celosia*）

【形态特征】一年生草本；茎绿色或红色，具显明条纹；叶片矩圆披针形、披针形或披针状条形，绿色常带红色；穗状花序，花多数，密生，初为白色顶端带红色或全部粉红色，后成白色；胞果卵形。花期5—8月，果期6—10月。

【生态习性】喜温暖，耐旱，不耐寒，忌低洼积水，对土壤要求不严。

【观赏特征】外形独特，花序经久不凋，极具观赏价值。

【分布】小北湖。

52. 凹头苋

凹头苋

拉丁名：*Amaranthus blitum*

【分类】苋科（Amaranthaceae）苋属（*Amaranthus*）

【形态特征】一年生草本；茎伏卧而上升，基部分枝，淡绿色或紫红色；叶片卵形或菱状卵形，顶端凹缺，全缘或稍波状；穗状花序或圆锥花序，花淡绿色，腋生；胞果。花期7—8月，果期8—9月。

【生态习性】抗湿、耐碱，对土壤要求不严。

【分布】小北湖。

53. 刺苋

拉丁名：*Amaranthus spinosus*

【分类】苋科（Amaranthaceae）苋属（*Amaranthus*）

【形态特征】一年生草本；茎多分枝，有纵条纹，绿色或带紫色；叶片菱状卵形或卵状披针形，全缘，无毛；叶柄基部有2刺；圆锥花序腋生及顶生，花绿色；胞果矩圆形。花果期7—11月。

【生态习性】适应性强，生于荒地旷野或园地。

【分布】小北湖。

刺 苋

54. 皱果苋（野苋菜）

拉丁名：*Amaranthus viridis*

【分类】苋科（Amaranthaceae）苋属（*Amaranthus*）

【形态特征】一年生草本；茎直立，有不显明棱角，绿色或带紫色；叶片卵形、卵状

皱果苋

矩圆形或卵状椭圆形；顶端尖凹或凹缺，少数圆钝，有1芒尖；圆锥花序顶生；胞果扁球形，极皱缩。花期6—8月，果期8—10月。

【生态习性】喜光，耐干旱，耐瘠薄，耐酸性、盐碱性土壤，忌涝、忌霜冻。

【分布】小北湖、东湖、西湖。

55. 垂序商陆（美洲商陆）

垂序商陆

拉丁名：*Phytolacca americana*

【分类】商陆科（Phytolaccaceae）商陆属（*Phytolacca*）

【形态特征】多年生草本；根粗壮，肥大，倒圆锥形；茎直立，圆柱形；叶片椭圆状卵形或卵状披针形，总状花序顶生或侧生，花白色，微带红晕；果序下垂；浆果扁球形，熟时紫黑色。花期6—8月，果期8—10月。

【生态习性】环境适应性极强，常生于疏林下、路旁和荒地。

【分布】小北湖。

56. 马齿苋

拉丁名：*Portulaca oleracea*

【分类】马齿苋科（Portulacaceae）马齿苋属（*Portulaca*）

【形态特征】一年生草本；全株无毛，肉质；茎常匍匐，多分枝，带暗红色；叶互生或对生，倒卵形，似马齿状，全缘，上面暗绿色，下面淡绿色或带暗红色；花黄色，3~5朵簇生枝端；蒴果卵球形。花期5—8月，果期6—9月。

【生态习性】喜温湿环境，不耐寒，耐旱，

马齿苋

耐涝，耐贫瘠，以中性和弱酸性土壤生长为好。

【观赏特征】具有独特的外观，可作为盆栽栽植。

【分布】小北湖、东湖、西湖、北湖均有分布。

57. 鹅肠菜（牛繁缕）

拉丁名：*Myosoton aquaticum*

【分类】石竹科（Caryophyllaceae）鹅肠菜属（*Myosoton*）

【形态特征】多年生草本；茎上升，多分枝；叶片卵形或宽卵形；顶生二歧聚伞花序，花瓣白色，2深裂至基部，裂片线形或披针状线形；蒴果。花期5—8月，果期6—9月。

【生态习性】生命顽强，耐阴湿，生于荒地、路旁及较阴湿的草地。

【分布】小北湖。

鹅肠菜

58. 繁缕

拉丁名：*Stellaria media*

【分类】石竹科（Caryophyllaceae）繁缕属（*Stellaria*）

【形态特征】一至二年生草本；茎基多分枝，常带淡紫红色，被列柔毛；叶卵形，全缘；基生叶具长柄，上部叶几无柄；花单生叶腋或疏聚伞花序顶生；花瓣白色，深2裂达基部，裂片近线形；蒴果顶端6裂。花期6—7月，果期7—8月。

【生态习性】喜温和湿润的环境，耐轻微霜冻。

【分布】北湖。

繁　缕

59. 球序卷耳

拉丁名：*Cerastium glomeratum*

【分类】石竹科（Caryophyllaceae）卷耳属（*Cerastium*）

【形态特征】一年生草本；全株被柔毛；茎密被长柔毛；茎下部叶匙形，上部茎生叶倒卵状椭圆形，两面被长柔毛，具缘毛；聚伞花序头状，白色；蒴果长圆柱形。花期3—4月，果期5—6月。

【生态习性】喜生于干燥疏松的土壤，常见于菜园，路旁或荒地。

【分布】小北湖、东湖、西湖。

球序卷耳

60. 毛茛

拉丁名：*Ranunculus japonicus*

【分类】毛茛科（Ranunculaceae）毛茛属（*Ranunculus*）

【形态特征】多年生草本；根茎短，中空，具分枝；基生叶多数，叶片圆心形或五角形，3深裂；中裂片3浅裂，缘有粗齿，侧裂片不等2裂；聚伞花序顶生，花黄色；聚合果近球形。花果期4月至9月。

【生态习性】喜透气、有机质含量丰富的土壤，常生于田野、湿地、河岸、沟边及阴湿的草丛中。

毛 茛

【观赏特征】叶形奇特，黄花色彩艳丽，观赏价值高。

【分布】小北湖。

61. 石龙芮

拉丁名：*Ranunculus sceleratus*

【分类】毛茛科（Ranunculaceae）毛茛属（*Ranunculus*）

【形态特征】一年生草本；茎上部多分枝，无毛或疏生柔毛；茎生叶下部与基生叶肾状圆形，3深裂；中央裂片菱状倒卵形，3浅裂，全缘或有疏圆齿；侧裂片不等2~3裂，茎生叶上部叶较小，3全裂，裂片披针形至线形，全缘；聚伞花序，花小数多，黄色；聚合果长圆形；瘦果倒卵球形，紧密排列，具短喙。花果期5月至8月。

【生态习性】喜温暖潮湿气候，耐低温，生于平原湿地或河沟边，甚至可以在水中生长。

【观赏特征】黄花与绿叶相互映衬，丛植或片植在水边，别具野趣。

【分布】小北湖。

石龙芮

62. 紫堇

拉丁名：*Corydalis edulis*

【分类】罂粟科（Papaveraceae）紫堇属（*Corydalis*）

【形态特征】一年生草本；单生或基部分枝；基生叶具长柄，叶1~2回羽状全裂，第1回的裂片5~7，有柄，第2回的裂片近无柄，3深裂，裂片不等羽状分裂，最后裂片顶端有2~3齿裂；总状花序具3~10花，粉红色至紫红色；蒴果线形。花期4—5月，果期5—7月。

【生态习性】喜温暖湿润气候，多生于海拔400~1200米左右的丘陵、沟边或多石地。

【观赏特征】色调明快，富有野趣。

【分布】小北湖。

紫　堇

63. 播娘蒿

拉丁名：*Descurainia sophia*

【分类】十字花科（Cruciferae）播娘蒿属（*Descurainia*）

【形态特征】一年生草本；茎直立，分枝多，下部多淡紫色；叶为3回羽状深裂，裂

播娘蒿

片条形或长圆形，下部叶具柄，上部叶无柄；花序伞房状，花淡黄色，花瓣具爪；长角果圆筒状。花期4—5月。

【生态习性】喜冷凉湿润的环境，耐干旱，多野生在荒野、草地、田间、路旁。

【分布】小北湖、东湖、西湖。

64. 臭荠（臭独行菜）

拉丁名：*Coronopus didymus*

【分类】十字花科（Cruciferae）臭荠属（*Coronopus*）

【形态特征】一年或二年生匍匐草本；全株具臭味；主茎短且不显明，基部多分枝；叶一回或二回羽状全裂，裂片3～5对，线形或窄长圆形；花白色，极小；短角果肾形。花期3月，果期4—5月。

【生态习性】适应性强，主要生于旱作物地、果园、荒地、路旁等。

【分布】小北湖。

臭 荠

65. 独行菜

拉丁名：*Lepidium apetalum*

【分类】十字花科（Cruciferae）独行菜属（*Lepidium*）

【形态特征】一年或二年生草本；茎有分枝；基生叶窄匙形，一回羽状浅裂或深裂，茎上部叶线形，有疏齿或全缘；总状花序，花瓣不存或退化成丝状；短角果近圆形或宽椭圆形。花果期5—7月。

【生态习性】性喜冷凉气候，稍耐寒，生于山坡、山沟、路旁及村庄附近。

【分布】东湖。

独行菜

66. 沼生薕菜

拉丁名：*Rorippa palustris*

【分类】十字花科（Cruciferae）薕菜属（*Rorippa*）

【形态特征】一年或二年生草本；茎直立，下部常带紫色，具棱；基生叶多数，叶片长圆形至狭长圆形，羽状深裂或大头羽裂，裂片3~7对，不规则浅裂或深波状，基部耳状抱茎，茎生叶向上渐小，近无柄；总状花序顶生或腋生，花小，黄色或淡黄色；短角果椭圆形或近圆柱形。花期4—7月，果期6—8月。

【生态习性】生长在潮湿环境或近水处，如溪岸、路旁、田边、山坡草地等。

【分布】小北湖。

沼生薕菜

67. 荠（荠菜）

拉丁名：*Capsella bursa-pastoris*

【分类】十字花科（Cruciferae）荠属（*Capsella*）

【形态特征】一年或二年生草本；基生叶丛生呈莲座状，大头羽裂，具长柄；茎生叶披针形，基部箭形抱茎，有缺刻或锯齿；总状花序顶生及腋生，花白色；短角果。花果期4—6月。

【生态习性】喜温暖，多野生于山坡、田边及路旁。

【分布】小北湖、东湖、西湖。

荠　菜

68. 碎米荠

拉丁名：*Cardamine hirsuta*

【分类】十字花科（Cruciferae）碎米荠属

碎米荠

（*Cardamine*）

【形态特征】一年生草本；基生叶具叶柄，顶生小叶肾形或肾圆形；茎生叶具短柄，有小叶3～6对，生于茎下部的与基生叶相似，生于茎上部的顶生小叶菱状长卵形，顶端3齿裂，侧生小叶长卵形至线形，多数全缘；全部小叶两面稍有毛；总状花序，花瓣白色；长角果线形。花期4—6月，果期5—7月。

【生态习性】多生于海拔1000m以下的山坡、路旁、荒地及耕地的草丛中。

【分布】小北湖。

葶苈

菥蓂

69. 葶苈

拉丁名：*Draba nemorosa*

【分类】十字花科（Cruciferae）葶苈属（*Draba*）

【形态特征】一年或二年生草本；茎直立，几无叶，分枝茎有叶片；基生叶莲座状，长倒卵形，有疏细齿或全缘，茎生叶长卵形或卵形，有细齿，被毛；总状花序伞房状，花黄色至白色；短角果长圆形或长椭圆形。花期3—4月上旬，果期5—6月。

【生态习性】喜温暖、湿润、阳光充足的环境，以肥沃、疏松、排水良好的土壤为宜。

【分布】东湖、北湖。

70. 菥蓂

拉丁名：*Thlaspi arvense*

【分类】十字花科（Cruciferae）菥蓂属（*Thlaspi*）

【形态特征】一年生草本；茎直立；基生叶具柄，倒卵状长圆形；茎生叶矩圆状披针形或倒披针形，两侧箭形，抱茎，边缘具疏齿；总状花序顶生，花白色；短角果倒卵形或近圆形，扁平，顶端凹入，有翅。花期3—

4月，果期5—6月。

【生态习性】抗寒性好，常生在路旁、沟边或村落附近。

【观赏特征】白色的小花，清新淡雅很是美观。

【分布】小北湖。

71. 芥菜（野油菜）

拉丁名：*Brassica juncea*

【分类】十字花科（Cruciferae）芸薹属（*Brassica*）

【形态特征】一年生草本；常无毛或幼茎及叶具刺毛，带粉霜，有辣味；基生叶宽卵形至倒卵形，大头羽裂或不裂，有缺刻或锯齿，叶柄具小裂片；茎下部叶小，有缺刻或钝锯齿，不抱茎；茎上部叶窄披针形，疏齿不明显或全缘；总状花序顶生，花黄色；长角果线形。花期3—5月，果期5—6月。

【生态习性】喜冷凉的生长环境条件，较耐寒。

【分布】小北湖、北湖。

芥　菜

72. 诸葛菜

拉丁名：*Orychophragmus violaceus*

【分类】十字花科（Cruciferae）诸葛菜属（*Orychophragmus*）

【形态特征】一年或二年生草本；基生叶及下部叶大头羽状全裂，顶裂片近圆形或短卵形，基部心形，有钝齿，侧裂片卵形，越向下越小，上部叶长圆形或窄卵形，基部耳状，抱茎，有不整齐齿；总状花序顶生，花紫色、浅红色或白色；长角果线形。花期4—5月，果期5—6月。

诸葛菜

【生态习性】喜光，耐寒，对土壤要求不严，但以疏松、肥沃、土层深厚的土壤为佳。

【观赏特征】早春开花成片，蓝紫色花大而多，花期长，颇具观赏价值。

【分布】西湖。

73. 费菜（景天三七）

拉丁名：*Sedum aizoon*

【分类】景天科（Crassulaceae）景天属（*Sedum*）

【形态特征】多年生草本；根状茎短，不分枝；叶互生，狭披针形、椭圆状披针形至卵状倒披针形，先端渐尖，基部楔形，边缘有不整齐的锯齿；叶坚实，近革质。聚伞花序有多花，黄色。花期6—7月，果期8—9月。

【生态习性】稍耐阴，耐寒，耐干旱瘠薄，在山坡岩石上和荒地上均能旺盛生长。

【观赏特征】株丛茂密，枝翠叶绿，花色金黄。

【分布】东湖。

费 菜

扯根菜

74. 扯根菜

拉丁名：*Penthorum chinense*

【分类】虎耳草科（Saxifragaceae）扯根菜属（*Penthorum*）

【形态特征】多年生草本；根状茎分枝；茎红紫色；叶互生，几无柄，披针形，边缘具细重锯齿；聚伞花序具多花；花枝与花梗均被褐色腺毛；花小，黄白色；蒴果红紫色。花果期7—10月。

【生态习性】多生在海拔90～2200m的林下、水边，湿地等潮湿的地方。

【分布】小北湖。

75. 地榆

拉丁名：*Sanguisorba officinalis*

【分类】蔷薇科（Rosaceae）地榆属（*Sanguisorba*）

【形态特征】多年生草本；茎直立，有棱；单数羽状复叶，基部心形至圆形，叶缘有锯齿无毛；穗状花序椭圆形，顶生，紫红色；瘦果褐色，包藏在宿萼内。花果期7—10月。

【生态习性】喜温暖湿润环境，耐寒，耐高温多雨，不择土壤，最喜沙性土壤。

【观赏特征】叶形美观，紫红色穗状花序与绿叶相互映衬，色彩高贵典雅。

【分布】东湖。

地　榆

76. 蛇莓

拉丁名：*Duchesnea indica*

【分类】蔷薇科（Rosaceae）蛇莓属（*Duchesnea*）

【形态特征】多年生草本；匍匐茎多数；小叶片倒卵形至菱状长圆形，先端圆钝，边缘有钝锯齿；花单生于叶腋，黄色；瘦果卵形，红色。花期6—8月，果期8—10月。

【生态习性】喜荫凉，耐寒，不耐旱，不耐水渍，在华北地区可露地越冬。

【观赏特征】植株低矮，枝叶茂密，春季赏花，夏季观果。

【分布】小北湖、东湖。

蛇　莓

77. 朝天委陵菜

拉丁名：*Potentilla supina*

【分类】蔷薇科（Rosaceae）委陵菜属（*Potentilla*）

【形态特征】一年或二年生草本；茎平展，叉状分枝；奇数羽状复叶，边缘有锯齿，基生叶托叶膜质，褐色，茎生叶托叶草质，绿色；伞房状聚伞花序，黄色；瘦果长圆形。花果期3—10月。

朝天委陵菜

翻白草

白车轴草

【生态习性】耐热，不耐寒，耐干旱瘠薄，最喜微酸性至中性、排水良好的湿润土壤。

【分布】小北湖、东湖。

78. 翻白草

拉丁名：*Potentilla discolor*

【分类】蔷薇科（Rosaceae）委陵菜属（*Potentilla*）

【形态特征】多年生草本；花茎直立，上升或微铺散，密被白色绵毛；奇数羽状复叶，基生叶有小叶2～4对，叶柄密被白色绵毛兼具长柔毛，小叶对生或互生，具圆钝锯齿，茎生叶1～2，有掌状3～5小叶；聚伞花序，花黄色，花梗被绵毛；瘦果近肾形。花果期5—9月。

【生态习性】喜温暖湿润气候环境，喜微酸性至中性、排水良好的湿润砂质壤土，也耐干旱瘠薄。

【分布】小北湖。

79. 白车轴草

拉丁名：*Trifolium repens*

【分类】豆科（Fabaceae）车轴草属（*Trifolium*）

【形态特征】多年生草本；茎匍匐蔓生；掌状三出复叶，小叶倒卵形至近圆形，先端凹头至钝圆，具"V"型对称白斑；头状花序，花白色、乳黄色或淡红色，具香气；荚果长圆形。花果期5—10月。

【生态习性】长日照植物，不耐荫蔽，

具有明显的向光性运动；不耐干旱和长期积水。

【观赏特征】侵占性和竞争能力较强，能有效抑制杂草生长，不用长期修剪，管理粗放，具有改善土壤及水土保持作用，可用于园林绿化草坪的建植。

【分布】小北湖、东湖、西湖、北湖均有分布。

80. 刺果甘草

拉丁名：*Glycyrrhiza pallidiflora*

【分类】豆科（Fabaceae）甘草属（*Glycyrrhiza*）

【形态特征】多年生草本；羽状复叶，披针形或卵状披针形，具短尖，边缘具钩状细齿；总状花序腋生，花紧密，总花梗密生短柔毛及腺点，花淡紫色、紫色或淡紫红色；荚果卵圆形，具突尖，被硬刺。花期6—7月，果期7—9月。

【生态习性】喜生于盐土和盐碱土上。常生于河滩地、岸边、田野、路旁。

【分布】小北湖。

81. 紫云英

拉丁名：*Astragalus sinicus*

【分类】豆科（Fabaceae）黄耆属（*Astragalus*）

【形态特征】二年生草本；匍匐，多分枝，被白色疏柔毛；奇数羽状复叶，具3~6对小叶，托叶离生，具缘毛，小叶倒卵形或椭圆形，先端钝圆或微凹；总状花序，紫红色或橙黄色；荚果线状长圆形。花期2—6月，果期3—7月。

【生态习性】喜温暖、湿润的气候，稍耐寒；对土壤要求不严，常生于山坡、溪边及潮湿处。

【观赏特征】花色粉紫，花期长，叶片碧绿清新，大而美观。

【分布】小北湖。

刺果甘草

紫云英

鸡眼草

决 明

82. 鸡眼草

拉丁名：*Kummerowia striata*

【分类】豆科（Fabaceae）鸡眼草属（*Kummerowia*）

【形态特征】一年生草本；披散或平卧，多分枝，茎和枝上被倒生的白色细毛；三出羽状复叶，倒卵形或长圆形，先端圆形或微缺，全缘，中脉及叶缘有白色粗毛，侧脉多而密；花1～3朵簇生叶腋，粉红色或紫色；荚果圆形或倒卵形。花期7—9月，果期8—10月。

【生态习性】喜温湿环境，常生长于河岸沙土、砂砾地以及路旁、林下、田边杂草丛中。

【分布】小北湖。

83. 决明

拉丁名：*Senna tora*

【分类】豆科（Fabaceae）决明属（*Senna*）

【形态特征】一年生亚灌木状草本；羽状复叶，倒卵形或倒卵状长椭圆形，叶轴上每对小叶间有棒状的腺体1枚；花腋生，通常2朵聚生，花瓣黄色；荚果纤细。花果期8—11月。

【生态习性】喜温暖，耐旱，不耐寒，怕冻害；对土壤要求不严。

【观赏特征】花色明亮，鲜艳夺目，花与叶均具有较高的观赏价值，可作为灌木栽培。

【分布】小北湖。

84. 南苜蓿

拉丁名：*Medicago polymorpha*

【分类】豆科（Fabaceae）苜蓿属（*Medicago*）

【形态特征】一年至二年生草本；三出羽状复叶，小叶倒卵形或三角状倒卵形，具浅锯齿，托叶撕裂或条状缺刻；花序头状伞形，腋生，花冠黄色；荚果皿形，顺时针方向紧旋。花期3—5月，果期5—6月。

【生态习性】喜温暖湿润的环境，耐寒性强，适于在肥沃的旱地或排水良好的地区。

【观赏特征】茎叶茂盛，可作为地被材料点缀草坪。

【分布】小北湖。

南苜蓿

85. 紫苜蓿

拉丁名：*Medicago sativa*

【分类】豆科（Fabaceae）苜蓿属（*Medicago*）

【形态特征】多年生草本；三出羽状复叶，小叶倒卵形或倒披针形，先端圆，中肋稍突出，上部叶缘有锯齿，两面被白色长柔毛；总状花序腋生，花冠紫色；荚果螺旋形。花期5—7月，果期6—8月。

【生态习性】喜温暖和半湿润到半干旱的气候，耐旱、耐寒；常生长在田边、路旁、旷野、草原、河岸及沟谷等地。

【观赏特征】紫色花序，美丽淡雅，花期较长，具有较高的观赏价值。

【分布】北湖。

紫苜蓿

86. 田菁

田　菁

拉丁名：*Sesbania cannabina*

【分类】豆科（Fabaceae）田菁属（*Sesbania*）

【形态特征】一年生草本亚灌木状；茎绿色或带褐红色，微被白粉；偶数羽状复叶，小叶对生，线状长圆形，被紫色小腺点，总状花序，花冠黄色；荚果细长圆柱形。花果期7—12月。

【生态习性】性喜温暖、湿润，适应性强，耐盐碱、耐涝、耐贫瘠、耐旱。

【观赏特征】花黄色，花形特异，花期较长，具有较强的观赏价值。

【分布】小北湖、东湖、西湖。

87. 广布野豌豆

广布野豌豆

拉丁名：*Vicia cracca*

【分类】豆科（Fabaceae）野豌豆属（*Vicia*）

【形态特征】多年生草本；茎攀援或蔓生；偶数羽状复叶，卷须2～3分支；小叶狭椭圆形或狭披针形，先端突尖；总状花序腋生，花冠紫色或蓝色；荚果矩圆形，褐色。花果期5—9月。

【生态习性】多生于田边、草坡、岩石上。

【分布】小北湖。

88. 救荒野豌豆

救荒野豌豆

拉丁名：*Vicia sativa*

【分类】豆科（Fabaceae）野豌豆属（*Vicia*）

【形态特征】一年或二年生草本；偶数羽状复叶，有卷须2～3分支；小叶长椭圆形或倒卵形，先端截形，凹入，有细尖；花1～2朵生叶腋，花冠紫色或红色；荚果条形。花期4—7月，果期7—9月。

【生态习性】生于海拔50～3000m荒山、田边草丛及林中。

【分布】小北湖、东湖、西湖、北湖均有分布。

89. 小巢菜

拉丁名：*Vicia hirsuta*

【分类】豆科（Fabaceae）野豌豆属（*Vicia*）

【形态特征】一年生草本；攀援或蔓生，茎细柔；偶数羽状复叶，末端卷须分支，托叶线形；总状花序，小花密集于花序轴顶端，花冠白色、淡蓝青色或紫白色，稀粉红色；荚果长圆菱形，表皮密被棕褐色长硬毛。花果期2—7月。

【生态习性】性喜温凉气候，耐寒，较耐霜冻，常生于山沟、河滩、田边或路旁草丛。

【分布】小北湖。

小巢菜

90. 红花酢浆草

拉丁名：*Oxalis corymbosa*

【分类】酢浆草科（Oxalidaceae）酢浆草属（*Oxalis*）

【形态特征】多年生草本；球状鳞茎；叶基生，小叶3，扁圆状倒心形；总花梗基生，二歧聚伞花序，粉色，花瓣喉部为嫩绿色；花期3—12月。

【生态习性】喜向阳、温暖、湿润的环境，夏季炎热地区宜遮半荫，抗旱能力较强，不耐寒。

【观赏特征】花多叶繁，花期长，覆盖地面迅速，又能抑制杂草生长，适合在花坛、花径、疏林地及林缘大片种植。

【分布】小北湖、东湖、西湖、北湖均有分布。

红花酢浆草

91. 关节酢浆草

拉丁名：*Oxalis articulata*

【分类】酢浆草科（Oxalidaceae）酢浆草属（*Oxalis*）

【形态特征】多年生草本；长圆形块茎，具关节；叶基生，掌状复叶，3小叶，心形；伞形花序，花瓣粉红色，花瓣喉部为紫红色，基部深红色至紫红色条纹；蒴果。花期夏秋。

【生态习性】性喜温暖及湿润环境，喜光，不耐荫蔽，一般土壤均可良好生长。

【观赏特征】植株低矮，花色鲜艳，覆盖性良好，是良好的地被材料。

【分布】小北湖。

关节酢浆草

92. 酢浆草

拉丁名：*Oxalis Corniculata*

【分类】酢浆草科（Oxalidaceae）酢浆草属（*Oxalis*）

酢浆草

【形态特征】多年生草本；根状茎；叶互生；掌状复叶有3小叶，倒心形；花1至数朵组成腋生的伞形花序，花瓣5，黄色；蒴果长圆柱形。花、果期2—9月。

【生态习性】喜向阳、温暖湿润的环境，抗旱能力较强，不耐寒，一般园土均可生长。

【观赏特征】茎叶繁密，覆盖力强，黄花点缀其上，极具观赏性。

【分布】小北湖、北湖。

93. 紫叶酢浆草

拉丁名：*Oxalis triangularis* 'Urpurea'

【分类】酢浆草科（Oxalidaceae）酢浆草属（*Oxalis*）

【形态特征】多年生草本；鳞茎；叶丛生于基部，全部为根生叶；掌状复叶，具3小叶，倒三角形，紫红色；伞形花序，淡紫色或白色，端部呈淡粉色；蒴果近圆柱形。花果期 5—11 月。

【生态习性】喜欢光照充足，温暖湿润
的环境，花、叶对光敏感，晴天开放，夜间
及阴天光照不足时会闭合；较耐干旱，以肥
沃、排水良好的砂质土为佳。

【观赏特征】叶形奇特，叶大而紫红
色，小花淡紫色或白色，既可观叶又可
观花。

【分布】东湖。

紫叶酢浆草

94. 野老鹳草

拉丁名：*Geranium carolinianum*

【分类】牻牛儿苗科（Geraniaceae）老
鹳草属（*Geranium*）

【形态特征】一年生草本；茎直立或仰
卧，具棱角，密被倒向短柔毛；叶片圆肾
形，掌状 5~7 裂近基部；花序腋生和顶生，
呈伞形状，被倒生短柔毛和开展的长腺毛；
蒴果被短糙毛，果瓣由喙上部先裂向下卷
曲。花期 4—7 月，果期 5—9 月。

【生态习性】喜欢光照充足，温暖湿润
环境，耐湿，较耐寒，土壤以疏松肥沃的土
壤为佳。

【分布】小北湖、东湖、西湖、北湖均
有分布。

95. 蒺藜

拉丁名：*Tribulus terrester*

【分类】蒺藜科（AZygophyllaceae）蒺
藜属（*Tribulus*）

【形态特征】一年生草本；茎平卧，基

野老鹳草

147

部多分枝，全株被绢丝状柔毛；偶数羽状复叶，小叶对生，矩圆形，全缘；花单生叶腋，黄色；果具5分果爿，其下部具棘刺2枚；背面有短硬毛及瘤状突起。花期5—8月，果期6—9月。

【生态习性】喜阳光，耐干旱，对土壤要求不严，各种土壤、土质均可生长。

【分布】小北湖。

蒺 藜

96. 斑地锦

拉丁名：*Euphorbia maculata*

【分类】大戟科（Euphorbiaceae）大戟属（*Euphorbia*）

【形态特征】一年生草本；茎匍匐；叶对生，长椭圆形至肾状长圆形，中部以上具细锯齿，叶中部常具紫色斑点；花单生叶腋；蒴果三角状卵形，熟时裂为3个分果爿。花果期4—9月。

斑地锦

【生态习性】通常生长在路旁湿地，土壤干燥结实的草地和农田中。

【分布】小北湖、东湖、西湖。

97. 乳浆大戟

拉丁名：*Euphorbia esula*

【分类】大戟科（Euphorbiaceae）大戟属（*Euphorbia*）

【形态特征】多年生草本；枝干有

白色乳汁；根圆柱状，杯状聚伞花序，呈二歧分枝，苞片对生，心形，花较小，黄绿色；蒴果三棱状球形。花果期4—10月。

【生态习性】耐旱，稍耐寒，对土壤要求不严，以肥沃疏松、排水性能好的砂质或黏质土壤中栽培为佳。

【分布】小北湖。

乳浆大戟

98. 泽漆

拉丁名：*Euphorbia helioscopia*

【分类】大戟科（Euphorbiaceae）大戟属（*Euphorbia*）

【形态特征】一年生草本；叶互生，无柄，倒卵形或匙形，先端具齿；总苞叶5枚轮生，倒卵状长圆形，先端具齿；多歧聚伞花序顶生，总伞梗5；每伞梗又生出3小伞梗，苞叶2枚，花单生，总苞钟状，5裂，裂片半圆形；蒴果三棱状阔圆形。花果期4—10月。

【生态习性】常见于山坡、路旁、沟边、湿地、荒地草丛中。

【观赏特征】花形奇特，层次丰富。

【分布】小北湖、东湖、西湖、北湖均有分布。

泽 漆

99. 匍匐大戟

拉丁名：*Euphorbia prostrata*

【分类】大戟科（Euphorbiaceae）大戟属（*Euphorbia*）

【形态特征】一年生草本；匍匐，茎基部多分枝，常呈淡红色或红色；叶对生，椭圆形至倒卵形，全缘或具细锯齿，叶面绿色，叶背呈淡红色或红色，叶柄极短；花序单生

匍匐大戟

叶腋或簇生枝顶，具短柄；蒴果三棱状。花果期4—10月。

【生态习性】耐旱，对土壤要求不严，多生在路旁、屋旁和荒地灌丛。

【分布】小北湖、北湖。

100. 铁苋菜

拉丁名：*Acalypha australis*

【分类】大戟科（Euphorbiaceae）铁苋菜属（*Acalypha*）

铁苋菜

蜜甘草

【形态特征】一年生草本，叶互生，长卵形、近菱状卵形或阔披针形，具圆锯齿；雌雄同序，雄花生于穗状花序上部，雌花生于下部，雌花苞片卵状心形，具齿，苞腋具雌花1～3朵，萼片3，花梗无；雄花苞片卵形，苞腋具雄花5～7朵，有短梗，萼片4；蒴果绿色，三棱状。花果期4—12月。

【生态习性】喜温暖、湿润、光照充足的生长环境，不耐干旱、高温、渍涝和霜冻，较耐荫。

【观赏特征】红色花穗，微微下垂，姿态可爱，观赏效果极佳。

【分布】小北湖、东湖、西湖、北湖均有分布。

101. 蜜甘草

拉丁名：*Phyllanthus ussuriensis*

【分类】大戟科（Euphorbiaceae）叶下珠属（*Phyllanthus*）

【形态特征】一年生草本；小枝具棱；叶纸质，椭圆形至长圆形，下面白绿色，叶柄极短；花雌雄同株，单生或簇生叶腋，苞片数枚，雄花萼片4，宽卵形，花盘腺体4；雌花萼片6，长椭圆形，花盘腺体6；蒴果扁球状。花期 4—7 月，果期 7—10 月。

【生态习性】适应性强，多生于山坡或路边草地。

【分布】小北湖。

102. 凤仙花

拉丁名：*Impatiens balsamina*

【分类】凤仙花科（Balsaminaceae）凤仙花属（*Impatiens*）

【形态特征】一年生草本；茎粗壮，肉质；叶互生，叶片披针形、狭椭圆形或倒披针形；花单生或 2~3 朵簇生于叶腋，白色、粉红色或紫色，单瓣或重瓣；种子圆球形。花期 7—10 月。

【生态习性】性喜光，怕湿，耐热不耐寒，喜向阳的地势和疏松肥沃的土壤，在较贫瘠的土壤中也可生长。

【观赏特征】花色、品种极为丰富，花如鹤顶、似彩凤，姿态优美，妩媚悦人。

【分布】小北湖。

凤仙花

103. 蜀葵

拉丁名：*Alcea rosea*

【分类】锦葵科（Malvaceae）蜀葵属（*Alcea*）

【形态特征】二年生草本；茎枝密被刺毛；叶近圆心形，掌状 5~7 浅裂或波状棱角，裂片三角形或圆形；花腋生，总状花序，有红、紫、白、粉红、黄和黑紫等色，单瓣或重瓣。花期 2—8 月。

【生态习性】喜阳光充足，耐半阴，但忌涝。耐盐碱能力强，耐寒冷，在疏松肥沃，排水良好，

蜀　葵

富含有机质的沙质土壤中生长良好。

【分布】东湖、西湖、北湖。

104. 苘麻

拉丁名：*Abutilon theophrasti*

【分类】锦葵科（Malvaceae）苘麻属（*Abutilon*）

【形态特征】一年生草本亚灌木状；茎枝被柔毛；叶大，互生，圆心形，具细圆锯齿，两面均密被柔毛；具长柄；花黄色，单生叶腋；蒴果半球形，分果片15～20。花期7—8月。

【生态习性】对环境适应性强，常见于路旁、荒地和田野间。

【观赏特征】花形独特，色彩艳丽，精致而富有野趣，具有一定的观赏性。

【分布】小北湖、北湖。

苘　麻

105. 紫花堇菜

拉丁名：*Viola grypoceras*

【分类】堇菜科（Violaceae）堇菜属（*Viola*）

【形态特征】多年生草本；短粗根状茎；叶片心形或宽心形，边缘具钝锯齿，密布褐色腺点，叶柄长达8cm；托叶狭披针形，具长齿；花自茎基或茎生叶叶腋抽出，淡紫色，花梗极长；蒴果椭圆形，密生褐色腺点。花期4—5月，果期6—8月。

【生态习性】喜温暖湿润的环境，忌暴晒，常野生在水边草丛中或林下湿地。

【观赏特征】清新素雅，花期较长，具有较高的观赏价值。

【分布】小北湖。

紫花堇菜

106. 山桃草

拉丁名：*Gaura lindheimeri*

【分类】柳叶菜科（Onagraceae）山桃草属（*Gaura*）

【形态特征】多年生草本；茎直立；叶无柄，椭圆状披针形或倒披针形，边缘具齿突或波状齿，被长柔毛；长穗状花序，花瓣白色，后变粉红；蒴果坚果状，狭纺锤形。花期5—8月，果期8—9月。

【生态习性】喜光，耐寒，喜凉爽及半湿润气候，对土质要求不严。

【观赏特征】枝条轻盈，繁花点点，多成片群植，也可用作庭院绿化。

【分布】小北湖、西湖。

山桃草

107. 小花山桃草

拉丁名：*Gaura parviflora*

【分类】柳叶菜科（Onagraceae）山桃草属（*Gaura*）

【形态特征】一年生草本；基生叶莲座状，宽倒披针形，茎生叶狭椭圆形、长圆状卵形；穗状花序，常下垂，花白色，后变红色；蒴果坚果状，纺锤形。花期7—8月，果期8—9月。

【生态习性】喜光照充足，土壤疏松肥沃，排水良好的生长环境。

【分布】小北湖、北湖。

108. 美丽月见草

拉丁名：*Oenothera speciosa*

【分类】柳叶菜科（Onagraceae）月见草属（*Oenothera*）

小花山桃草

美丽月见草

【形态特征】多年生草本；茎直立，幼苗期呈莲座状，基部有红色长毛；叶互生，叶片长圆状或披针形，边缘有疏细锯齿，两面被白色柔毛；花单生于枝端叶腋，白至粉红色，花期4—10月。

【生态习性】生长强健，非常耐旱，对土壤要求不严，适应性强。

【观赏特征】花为靓丽的粉红色，花径大，花量多。

【分布】小北湖。

109. 小窃衣（破子草）

拉丁名：*Torilis japonica*

【分类】伞形科（Umbelliferae）窃衣属（*Torilis*）

【形态特征】一年或多年生草本；全株被短硬毛；茎有纵条纹及刺毛；叶长卵形，1~2回羽裂，小叶披针形至矩圆形，有粗齿至缺刻或分裂；复伞形花序，小花白色，花柄极短。双悬果圆卵形。花果期4—10月。

【生态习性】常生长于山坡、林下、河边、荒地及溪边草丛中。

【分布】小北湖。

小窃衣

110. 蛇床

拉丁名：*Cnidium monnieri*

【分类】伞形科（Umbelliferae）蛇床属（*Cnidium*）

【形态特征】一年生草本；茎多分枝，具棱；下部叶具短柄，上部叶柄全部鞘，叶卵形至三角状卵形，2~3回羽状全裂，末回

蛇 床

裂片线形至线状披针形；复伞形花序，花瓣白色，具内折舌片；双悬果长圆状，5棱均成翅状。花期4—7月，果期6—10月。

【生态习性】常生于低山坡、田野、路边、沟边、河边、湿地。

【观赏特征】白色花序一簇簇生长成伞状，大而美丽，且花期很长，具有一定的观赏价值。

【分布】小北湖、北湖。

111. 天胡荽

拉丁名：*Hydrocotyle sibthorpioides*

【分类】伞形科（Umbelliferae）天胡荽属（*Hydrocotyle*）

【形态特征】多年生草本；有气味；茎匍匐，节上生根；单叶互生，圆形或肾圆形，基部心形，不分裂或5～7裂，裂片阔倒卵形，具钝齿；伞形花序单生节上，与叶对生，总花梗纤细，小花5～18，花绿白色，有腺点；果实近心形。花果期4—9月。

【生态习性】性喜温暖潮湿，忌阳光直射，土壤以松软排水良好的栽培土为佳。常野生于沟边及湿润草地。

【观赏特征】嫩叶翠绿，叶形独特，形似铜钱。

【分布】小北湖。

天胡荽

112. 点地梅

拉丁名：*Androsace umbellata*

【分类】报春花科（Primulaceae）点地梅属（*Androsace*）

【形态特征】一年或二年生草本；全株被柔毛；叶全基生，近圆形或卵圆形，基部浅心形至近圆形，边缘具三角状钝牙齿；花葶常数枚自叶丛中抽出，伞形花序4～15花，花冠白色，喉部黄色；蒴果近球形，果皮白色，近膜质。花期2—4月，果期5—6月。

【生态习性】耐贫瘠，生于林缘、草地、疏林下或路旁。

【观赏特征】小花盛开犹如梅花点点，一片雪白，点缀大地，别有姿韵。

【分布】东湖。

点地梅

罗布麻

113. 罗布麻

拉丁名：*Apocynum venetum*

【分类】夹竹桃科（Apocynaceae）罗布麻属（*Apocynum*）

【形态特征】多年生草本或半灌木；具乳汁；枝条对生或互生，紫红色或淡红色；叶常对生，椭圆状披针形至卵圆状长圆形，具细齿；一至多歧聚伞花序圆锥状，花冠紫红色或粉红色，密被突起，裂片5，内外均具3条明显紫红色脉纹；蓇葖果。花期4—9月，果期7—12月。

【生态习性】对土壤要求不严，适应性强。

【观赏特征】可作为盐碱地的先锋植物，具有一定的观赏性。

【分布】小北湖。

114. 马蹄金

拉丁名：*Dichondra micrantha*

【分类】旋花科（Convolvulaceae）马蹄金属（*Dichondra*）

【形态特征】多年生草本；匍匐，茎细长，节上生根；叶肾形至圆形，先端宽圆形或微缺，基部阔心形，全缘；花单生叶腋，花冠钟状，黄色，深5裂；蒴果近球形，膜质。

【生态习性】性喜温暖、湿润气候，耐荫蔽，忌积水，对土壤要求不严，常生长在山坡草地，路旁或沟边。

【观赏特征】形似马蹄，叶片密集，翠绿，具有极高的观赏价值，常作地被植物，起点缀的效果。

【分布】小北湖。

马蹄金

115. 田旋花

拉丁名：*Convolvulus arvensis*

【分类】旋花科（Convolvulaceae）旋花属（*Convolvulus*）

【形态特征】多年生草本；根状茎横走，茎平卧或缠绕，有条纹及棱角；叶互生，卵状长圆形至披针形，基部戟形或箭形及心形，全缘或3裂；聚伞花序腋生；苞片远离花萼，花冠宽漏斗形，白色或粉红色，5浅裂；蒴果卵状球形或圆锥形。花期5—8月。

田旋花

【生态习性】喜潮湿肥沃的土壤，常野生于耕地及荒坡草地、村边路旁。

【观赏特征】枝多叶茂，相互缠绕，花冠较大，花色淡雅，喇叭状，质地柔软，随微风拂动。

【分布】小北湖。

116. 柔弱斑种草

拉丁名：*Bothriospermum zeylanicum*

【分类】紫草科（Boraginaceae）斑种草属（*Bothriospermum*）

【形态特征】一年生草本；茎细弱，丛生，直立或平卧，多分枝；叶椭圆形或狭椭圆形，被糙伏毛或短硬毛；花序柔弱，细长，花冠蓝色或淡蓝色，喉部有5个梯形附属物；小坚果肾形。花果期2—10月。

【生态习性】常野生于山坡路边、田间草丛、山坡草地及溪边阴湿处。

【分布】小北湖。

柔弱斑种草

117. 附地菜

拉丁名：*Trigonotis peduncularis*

【分类】紫草科（Boraginaceae）附地菜属（*Trigonotis*）

【形态特征】一年或二年生草本；茎1至数条，铺散；基生叶呈莲座状，匙形，茎上部叶长圆形或椭圆形；花序生茎顶，花冠淡蓝色或粉色；小坚果4。早春开花，花期甚长。

【生态习性】耐低温，北方大部分地区可露地越冬。常野生于草地、林缘、田间及荒地。

【观赏特征】花朵娇小，清新淡雅。

【分布】小北湖、北湖。

附地菜

118. 马鞭草

拉丁名：*Verbena officinalis*

【分类】马鞭草科（Verbenaceae）马鞭草属（*Verbena*）

【形态特征】多年生草本；茎具四棱，被硬毛；叶对生，卵圆形至倒卵形或长圆状披针形，基生叶常具粗锯齿和缺刻，茎生叶多3深裂，裂片缘具不整齐锯齿，被硬毛；穗状花序顶生和腋生，花冠淡紫至蓝色；蒴果长圆形。花期6—8月，果期7—10月。

【生态习性】喜光，稍耐寒，不耐阴，不耐旱，忌涝。对土壤要求不严。

【观赏特征】姿态优美，花色淡雅，盛开时如花海一样，令人流连忘返。

【分布】小北湖、东湖。

马鞭草

119. 柳叶马鞭草

拉丁名：*Verbena bonariensis*

【分类】马鞭草科（Verbenaceae）马鞭草属（*Verbena*）

【形态特征】多年生草本；茎正方形；叶为柳叶形，十字对生，初期叶为椭圆形边缘略有缺刻，花茎抽高后的叶转为细长型如柳叶状边缘仍有尖缺刻；聚伞花序，小筒状花着生于花茎顶部，紫红色或淡紫色。花期5—9月。

【生态习性】喜光，耐旱，喜温暖气候，不耐寒，10℃以下生长较迟缓，对土壤选择不严，排水良好即可。

【观赏特征】花姿摇曳，花色娇艳，开花季节犹如一片粉紫色的云霞。

【分布】小北湖、西湖。

柳叶马鞭草

120. 荔枝草

拉丁名：*Salvia plebeia*

【分类】唇形科（Labiatae）鼠尾草属（*Salvia*）

【形态特征】一年或二年生草本；茎直立粗壮；

荔枝草

叶椭圆状卵圆形或椭圆状披针形，草质，上面疏被微硬毛，下面被短疏柔毛及黄褐色腺点；轮伞花序具6花，组成总状或总状圆锥花序，花冠淡红、淡紫、紫、蓝紫至蓝色，稀白色；小坚果倒卵圆。花期4—5月，果期6—7月。

【生态习性】喜温湿环境，喜较肥沃、疏松的夹砂土。常野生于山坡、路边、沟边、田野湿地。

【分布】小北湖、东湖、西湖。

多花筋骨草

拉丁名：*Ajuga multiflora*

【分类】唇形科（Labiatae）筋骨草属（*Ajuga*）

【形态特征】多年生草本；茎直立；叶片纸质，椭圆状长圆形或椭圆状卵圆形；穗状聚伞花序，花蓝紫色或蓝色；小坚果倒卵状三棱形。花期4—5月，果期5—6月。

【生态习性】抗逆力强，长势强健。

【观赏特征】可用于花坛，花径，也可成片栽于林下、湿地，达到黄土不露天的效果。

【分布】东湖。

122. 薄荷

拉丁名：*Mentha canadensis*

【分类】唇形科（Labiatae）薄荷属（*Mentha*）

【形态特征】多年生草本；全株具芳香；叶对生，椭圆形至披针形，疏生粗锯齿，被微柔毛或近无毛；球形轮伞花序腋生，花淡紫；小坚果黄褐色。花期7—9月，果期10月。

薄 荷

【生态习性】喜温暖湿润、阳光充足的地方；耐低温，根茎宿存越冬；对土壤要求不严。

【观赏特征】叶片翠绿，芳香清凉，使人神清气爽。

【分布】小北湖。

123. 硬毛地笋

拉丁名：*Lycopus lucidus var.hirtus*

【分类】唇形科（Labiatae）地笋属（*Lycopus*）

【形态特征】多年生草本；根状茎横走，中空；叶对生，狭披针形，有粗锯齿；轮伞花序腋生，花两性，二唇形花冠，白色；小坚果倒卵状四边形。花期6—9月，果期9—11月。

【生态习性】喜温和湿润的生长环境，耐寒，喜肥，常野生于沼泽地、水边、沟边等潮湿处。

【分布】小北湖。

硬毛地笋

124. 活血丹

拉丁名：*Glechoma longituba*

【分类】唇形科（Labiatae）活血丹属（*Glechoma*）

【形态特征】多年生草本；具匍匐茎；叶草质，下部叶小，上部叶大，心形或近肾形，具圆齿，叶脉不显，下面常带紫色，被疏柔毛或长硬毛，脉隆起；轮伞花序，淡蓝、蓝至紫色；坚果深褐色。花期4—5月，果期5—6月。

【生态习性】喜阴湿，对土壤要求不高，常生于林缘、疏林下、草地中、溪边等阴湿处。

【分布】小北湖。

活血丹

水棘针

夏枯草

125. 水棘针

拉丁名：*Amethystea caerulea*

【分类】唇形科（Labiatae）水棘针属（*Amethystea*）

【形态特征】一年生草本；茎四棱；叶柄短，具狭翅，被硬毛，叶三角形或近卵形，常3深裂，裂片披针形，具粗重锯齿，几无柄，叶面绿色或紫绿色；聚伞花序具长梗组成圆锥花序，花冠蓝色或紫蓝色；小坚果背面具网状皱纹，腹面具棱。花期8—9月，果期9—10月。

【生态习性】常生于田边、旷野、路边及河岸沙地等开阔和略湿润的地方。

【分布】小北湖。

126. 夏枯草

拉丁名：*Prunella vulgaris*

【分类】唇形科（Labiatae）夏枯草属（*Prunella*）

【形态特征】多年生草本；根茎匍匐，紫红色；叶卵状长圆形或卵圆形，基部下延成狭翅，近全缘；轮伞花序密集组成顶生穗状花序，花冠紫、蓝紫或红紫色；小坚果黄褐色。花期4—6月，果期7—10月。

【生态习性】喜温暖湿润的环境，适应性强，耐寒，耐贫瘠。

【观赏特征】紫色花穗，素雅而浪漫。

【分布】小北湖。

127. 宝盖草

拉丁名：*Lamium amplexicaule*

【分类】唇形科（Labiatae）野芝麻属（*Lamium*）

【形态特征】一年或二年生草本；茎基多分枝，四棱形，深蓝色；茎下部叶具长柄，上部叶无柄，叶片均圆形或肾形，半抱茎，具深圆齿，疏生糙伏毛；轮伞花序6～10花，花冠紫红或粉红色；小坚果倒卵圆形，淡灰黄色。花期3—5月，果期7—8月。

【生态习性】喜阴湿、温暖气候；常生于路旁、林缘、沼泽草地及宅旁等地。

【分布】小北湖、东湖。

宝盖草

128. 野芝麻

拉丁名：*Lamium barbatum*

【分类】唇形科（Labiatae）野芝麻属（*Lamium*）

【形态特征】多年生草本；茎四棱；叶对生，卵圆形、卵状心形或卵圆状披针形，缘锯齿，齿尖具小突尖，被短硬毛；轮伞花序，花冠白或浅黄色，筒内有毛环。小坚果倒卵圆形，淡褐色。花期4—6月，果期7—8月。

【生态习性】喜温暖及潮湿的环境，较耐热，耐寒，耐旱；不择土壤，以肥沃、排水良好的壤土为佳。

【分布】小北湖。

野芝麻

129. 益母草

拉丁名：*Leonurus japonicus*

【分类】唇形科（Labiatae）益母草属（*Leonurus*）

【形态特征】一年或二年生草本；茎4棱；叶形多变，茎下部叶卵形，掌状3裂，裂片呈长圆状菱形至卵圆形，裂片再分裂，

益母草

两面被毛，茎中部叶菱形，常3裂，裂片长圆状线形；轮伞花序腋生，轮廓为圆球形，多数远离组成长穗状花序，花粉红至淡紫红色。小坚果三棱形，淡褐色。花期6—9月，果期9—10月。

【生态习性】喜光，喜温暖湿润气候，对土壤要求不严，但以向阳，肥沃、排水良好的砂质壤土栽培为宜。

【观赏特征】株型俊秀，花色朴素而高洁。

【分布】小北湖。

130. 紫苏

拉丁名：*Perilla frutescens*

【分类】唇形科（Labiatae）紫苏属（*Perilla*）

【形态特征】一年生草本；茎绿色或紫色，钝四棱形；叶阔卵形或圆形，有粗锯齿，两面绿色或紫色，或仅下面紫色；轮伞总状花序，花冠白色至紫红色；小坚果近球形。花期8—11月，果期8—12月。

紫 苏

龙 葵

【生态习性】对生长环境要求不高，忌积水，以排水良好，肥沃的沙质土壤为佳。

【观赏特征】叶色丰富，有绿色和紫色，风格迥异，大不相同，味道清新，观赏性极佳。

【分布】小北湖。

131. 龙葵

拉丁名：*Solanum nigrum*

【分类】茄科（Solanaceae）茄属（*Solanum*）

【形态特征】一年生草本；茎绿色或紫色；叶卵形，全缘或具不规则的波状粗齿，光滑或被疏短柔毛；蝎尾状花序腋外生，花冠白色，5深裂；浆果球形。花期5—8月，果期7—11月。

【生态习性】喜温暖环境，耐旱、不耐寒，不择土壤。

【观赏特征】花小而多，密布枝头，果实成熟后，黑紫色的浆果挂满枝头，别具风味。

【分布】北湖。

132. 酸浆

拉丁名：*Physalis alkekengi*

【分类】茄科（Solanaceae）酸浆属（*Physalis*）

【形态特征】多年生草本；全株被柔毛，茎不分枝；叶互生，长卵形或宽卵形，稀菱状卵形，基部窄楔形下延至叶柄，全缘、波状或具粗齿；单花腋生，花冠白色；浆果球形，橙红色。花期5—9月，果期6—10月。

【生态习性】喜阳光，喜凉爽、湿润气候；耐寒、耐热；不择土壤。

【观赏特征】橙红色浆果，如一个个红灯笼悬挂枝头，鲜艳美丽。

【分布】小北湖。

133. 地黄

拉丁名：*Rehmannia glutinosa*

【分类】玄参科（Scrophulariaceae）地黄属（*Rehmannia*）

【形态特征】多年生草本；全株密被灰白色长柔毛和腺毛；根茎肉质，茎黄色或紫红色；基生叶呈莲座状，卵形至长椭圆形，上面绿色，下面紫红色或略带紫色，具不规则齿；花具短梗，在茎顶排列成总状花序或单生叶腋，花冠内面黄紫色，外面紫红色，5裂；蒴果卵形至长卵形。花果期4—7月。

【生态习性】喜光，不耐强光照射，忌积水，以湿润、肥沃的沙质土壤最佳。

【分布】小北湖。

酸　浆

地　黄

阿拉伯婆婆纳

134. 阿拉伯婆婆纳

拉丁名：*Veronica persica*

【分类】玄参科（Scrophulariaceae）婆婆纳属（*Veronica*）

【形态特征】一年生草本；茎密生两列柔毛，叶3～4对，具短柄，卵形或圆形，总状花序很长，苞片互生，与叶同形且几乎等大，花冠蓝色、紫色或蓝紫色；蒴果肾形。花期2—5月。

【生态习性】对环境要求不高，干燥和阴湿环境下均能生长良好。

【观赏特征】叶秀丽，花色清新，观赏效果较好。

【分布】小北湖、东湖、西湖。

135. 婆婆纳

拉丁名：*Veronica polita*

【分类】玄参科（Scrophulariaceae）婆婆纳属（*Veronica*）

【形态特征】一年生草本；茎铺散；叶2～4对，心形至卵形，有深刻钝齿，被白色长柔毛；总状花序，花淡紫色、蓝色、粉色或白色；蒴果近肾形。花期3—10月。

婆婆纳

【生态习性】喜光，耐半阴，忌冬季湿涝；喜肥沃、湿润、深厚的土壤。

【观赏特征】叶秀丽，绿期长，花色清新，观赏效果较好。

【分布】小北湖、东湖、北湖。

136. 蚊母草

拉丁名：*Veronica peregrina*

【分类】玄参科（Scrophulariaceae）婆婆纳属（*Veronica*）

【形态特征】一年生草本；基部多分枝，主茎直立，侧枝披散，全株无毛或疏生柔毛；叶无柄，倒披针形或长矩圆形，全缘或具三角状锯齿；总状花序长，花白色或浅蓝色。蒴果倒心形。花期5—6月。

【生态习性】喜光，耐阴，不耐寒，以土质疏松、营养富足、排水性能较好的土壤种植为宜。

【分布】小北湖。

蚊母草

137. 直立婆婆纳

拉丁名：*Veronica arvensis*

【分类】玄参科（Scrophulariaceae）婆婆纳属（*Veronica*）

【形态特征】一年生草本；茎直立或上升；叶常3~5对，卵形至卵圆形，具圆或钝齿，被硬毛；总状花序长而多花，花冠蓝色或蓝紫色；蒴果倒心形。花期4—5月。

【生态习性】喜光照，忌积水，常生于路边及荒野草地。

【观赏特征】花量繁多，花色清新淡雅，适用于花境栽植。

【分布】小北湖。

直立婆婆纳

138. 通泉草

拉丁名：*Mazus pumilus*

【分类】玄参科（Scrophulariaceae）通泉草属（*Mazus*）

【形态特征】一年生草本；着地部分节上生根，分枝多；基生叶呈莲座状或早落，茎生叶对生或互生，倒卵状匙形至卵状倒披针形，全缘或有不规则疏齿，具带翅叶柄；总状花序顶生，花冠白色、紫色或蓝色；蒴果球形。花果期4—10月。

【生态习性】喜温湿环境，耐半阴，不耐寒，常生长在湿润的草坡、沟边、路旁及林缘。

【观赏特征】花朵娇小，花形独特，别具特色，具有较高的观赏性。

【分布】小北湖、东湖、西湖。

通泉草

139. 弹刀子菜

拉丁名：*Mazus stachydifolius*

【分类】玄参科（Scrophulariaceae）通泉草属（*Mazus*）

【形态特征】多年生草本；全株被白色长柔毛；茎直立；基生叶匙形，有短柄，早枯，茎生叶对生，上部常互生，无柄，长椭圆形至倒卵状披针形，具不规则锯齿；总状花序顶生，花冠蓝紫色；蒴果扁卵球形。花期4—6月，果期7—9月。

【生态习性】生于潮湿的山坡、田野、路旁、草地及林缘。

【观赏特征】植株低矮，蓝紫色唇形花，别具特色。

【分布】小北湖。

弹刀子菜

140. 爵床

拉丁名：*Rostellularia procumbens*

【分类】爵床科（Acanthaceae）爵床属（*Rostellularia*）

【形态特征】一年生草本；茎基匍匐；叶对生，椭圆形至椭圆状长圆形，全缘；穗状花序顶生或生上部叶腋，花粉红色或紫红色；蒴果。花期8—11月。

【生态习性】喜温暖湿润的气候，不耐严寒，忌盐碱地，宜选肥沃、疏松的砂壤土

爵 床

种植。

【观赏特征】花形奇特美丽，具有较高的观赏价值。

【分布】小北湖。

141. 车前

拉丁名：*Plantago asiatica*

【分类】爵床科（Acanthaceae）爵床属（*Rostellularia*）

【形态特征】二年生或多年生草本；叶基生呈莲座状，宽卵形至椭圆形，先端钝圆至急尖，两面疏生短柔生；穗状花序，花绿白色；蒴果椭圆形。花期5—7月，果期7—9月。

【生态习性】喜光照充足，湿润的生长环境，耐寒、耐旱、耐涝、耐瘠薄。

【分布】小北湖、东湖、西湖。

车　前

142. 北美车前

拉丁名：*Plantago virginica*

【分类】车前科（Plantaginaceae）车前属（*Plantago*）

【形态特征】一年生或二年生草本；叶基生呈莲座状，平卧至直立；叶片倒披针形至倒卵状披针形，边缘波状、疏生牙齿或近全缘；穗状花序，花淡黄色；蒴果卵球形。花期4—5月，果期5—6月。

【生态习性】喜光照充足、湿润环境，忌干燥和积水，且耐半阴。

【分布】小北湖。

北美车前

猪殃殃

143. 猪殃殃

拉丁名：*Galium spurium*

【分类】茜草科（Rubiaceae）拉拉藤属（*Galium*）

【形态特征】一年生草本；茎四棱，棱上、叶缘及叶下面中脉上均有倒生小刺毛；叶片条状倒披针形，具凸尖头；聚伞花序腋生或顶生，花黄绿色或白色；果密被钩毛。花期4月，果期5月。

【生态习性】多生长在山坡、旷野、沟边、河滩、田中、林缘、草地。

【分布】小北湖、东湖、西湖、北湖均有分布。

马㼎儿

144. 马㼎儿

拉丁名：*Zehneria japonica*

【分类】葫芦科（Cucurbitaceae）马㼎儿属（*Zehneria*）

【形态特征】一年生草本；叶柄细；叶片多型，三角状卵形、卵状心形或戟形，全缘或3~5浅裂，叶粗糙，脉掌状，具极短柔毛；花淡黄色；果实长圆形或狭卵形，熟后橘红色或红色。花期4—7月，果期7—10月。

【生态习性】耐寒，耐旱，以肥沃、湿润、排水性良好的中性沙壤土为佳。

【观赏特征】枝叶葱绿，果形小巧独特，颜色鲜艳，具有一定的观赏性。

【分布】小北湖、西湖。

145. 艾

拉丁名：*Artemisia argyi*

【分类】菊科（Asteraceae）蒿属（*Artemisia*）

【形态特征】多年生草本或略成半灌木状植物；植株有浓烈香气；茎有明显纵棱，基部稍木质化，上部草质；叶厚纸质，上面被灰白色短柔毛，并有白色腺点与小凹点，背面密被灰白色蛛丝状密绒毛；头状花序椭圆形；瘦果长卵形或长圆形。花果期7—10月。

【生态习性】生于低海拔至中海拔地区的荒地、路旁、河边及山坡等地，适应性强。

【分布】小北湖、东湖、西湖、北湖均有分布。

艾

146. 黄花蒿

拉丁名：*Artemisia annua*

【分类】菊科（Asteraceae）蒿属（*Artemisia*）

【形态特征】一年生草本；有特殊香气；茎直立；基部及下部叶3~4回栉齿状羽状深裂，花期枯萎，中部叶卵形，3次羽状深裂，基部裂片常抱茎，两面被短微毛；上部叶常2次羽状细裂；头状花序球形，花深黄色；瘦果矩圆形。花果期8—11月。

【生态习性】喜温暖、湿润的生长环境，忌水涝，不耐荫蔽。

【分布】小北湖、北湖。

黄花蒿

147. 蒌蒿

拉丁名：*Artemisia selengensis*

【分类】菊科（Asteraceae）蒿属（*Artemisia*）

【形态特征】多年生草本；全株具清香；茎常紫红色；中部叶密集，羽状深裂，上面

无毛，下面被白毛，上部叶三裂或不裂；头状花序，花黄色；瘦果微小。花果期7—10月。

【生态习性】喜长日照，耐瘠薄，耐盐碱，对土壤要求不严，在湿润、肥沃的砂壤土里生长旺盛。

【分布】小北湖、北湖。

蒌蒿

148. 野艾蒿

拉丁名：*Artemisia lavandulifolia*

【分类】菊科（Asteraceae）蒿属（*Artemisia*）

【形态特征】多年生草本；多分枝，被密短毛。下部叶有长柄，二次羽状分裂，中部叶有假托叶，羽状深裂，裂片条状披针形，上面被短微毛，密生白腺点，下面有灰白色密短毛，中脉无毛；上部叶羽状全裂；头状花序，花红褐色；瘦果小。花果期8—10月。

【生态习性】适应性强，耐寒、耐旱，不择土壤。

【分布】小北湖、东湖、西湖、北湖均有分布。

野艾蒿

149. 猪毛蒿

拉丁名：*Artemisia scoparia*

【分类】菊科（Asteraceae）蒿属（*Artemisia*）

【形态特征】一或二年生草本；有浓烈香气；多分枝；叶密集，下部叶与不育茎的叶矩圆形，二或三次羽状全裂，中部叶一或二次羽状全裂，上部叶三裂或不裂；头状花序近球形，花黄绿色；瘦果矩圆形。花果期7—10月。

【生态习性】适应性强，耐旱、耐贫瘠、耐盐碱，多生于山野路旁、荒地、河边草地、干燥盐碱地。

【分布】北湖。

猪毛蒿

150. 金鸡菊

拉丁名：*Coreopsis basalis*

【分类】菊科（Asteraceae）金鸡菊属（*Coreopsis*）

【形态特征】多年生草本；叶片多对生，浅裂或切裂；花单生或疏圆锥花序，舌状花黄色，基部紫褐色；瘦果倒卵形。花期5—9月。

【生态习性】耐寒耐旱，对土壤要求不严，喜光，但耐半阴，适应性强，对二氧化硫有较强的抗性。

【观赏特征】枝叶密集，花大色艳，还能自行繁衍，是极好的疏林地被。

【分布】小北湖、东湖、西湖。

金鸡菊

151. 秋英（波斯菊）

拉丁名：*Cosmos bipinnatus*

【分类】菊科（Asteraceae）秋英属（*Cosmos*）

【形态特征】一年生或多年生草本；叶二次羽状深裂，裂片线形或丝状线形；头状花序单生，紫红色，粉红色或白色；瘦果黑紫色；花期6—8月，果期9—10月。

【生态习性】喜光，耐贫瘠，忌肥，忌炎热，忌积水，对夏季高温不适应，不耐寒。

【观赏特征】叶形雅致，花色丰富，颇有野趣。

【分布】东湖、西湖。

秋　英

152. 大狼杷草

拉丁名：*Bidens frondosa*

【分类】菊科（Asteraceae）鬼针草属（*Bidens*）

【形态特征】一年生草本；茎直立，常带紫色；叶对生，一回羽状复叶，披针形，具粗锯齿；头状花序单生茎端或枝端，总苞钟状或半球形，外层苞片5~10枚，通常8枚，披针形或匙状倒披针形；无舌状

大狼杷草

小花或舌状小花不发育，花黄色；瘦果扁平。花果期7—11月。

【**生态习性**】适应性强，山坡、山谷、溪边、草丛及路旁均可生，喜温暖潮湿环境。

【**分布**】小北湖。

153. 鬼针草

拉丁名：*Bidens pilosa*

【**分类**】菊科（Asteraceae）鬼针草属（*Bidens*）

【**形态特征**】一年生草本；叶三出，小叶3枚，很少为5~7的羽状复叶；头状花序单生，苞片7~8枚，线状匙形，舌状花白色或无舌状花；瘦果黑色，线形，略扁，具棱，先端芒刺3~4枚，具倒刺毛。花果期3—10月。

【**生态习性**】喜生于温暖湿润气候区，以疏松肥沃、富含腐殖质的砂质壤土及黏壤土为宜。

鬼针草

菊 芋

154. 菊芋

拉丁名：*Helianthus tuberosus*

【**分类**】菊科（Asteraceae）向日葵属（*Helianthus*）

【**形态特征**】多年生草本；块茎；茎多分枝，被白色短糙毛或刚毛；下部叶对生，卵圆形或卵状椭圆形，具粗锯齿，基三出脉，两面被毛，上部叶互生，长椭圆形至阔披针形，基部短翅状；头状花序单生枝端，舌状花黄色；瘦果小，楔形，具扁芒。花期8—9月。

【**生态习性**】耐寒，块茎在−30℃的冻土层中可安全越冬；抗旱，耐瘠薄，耐盐碱，对土壤要求不严，可以在干旱、沙漠地、盐碱地种植。

【**观赏特征**】植株较高大，花大而明艳，适合片植或丛植路边、庭院，具有良好的观赏性。

【**分布**】小北湖。

155. 苏门白酒草

拉丁名：*Erigeron sumatrensis*

【分类】菊科（Asteraceae）飞蓬属（*Erigeron*）

【形态特征】一年或二年生草本；根木质纺锤状，全株被灰白色糙毛状短柔毛；叶密集，基生叶匙状倒卵形，茎生叶长圆形至线状披针形；头状花序排成复伞房状，花黄色，边缘雌花白色舌状，中央两性花黄色管状；瘦果长圆形。花期9—11月。

【生态习性】在气候温暖，环境适宜的季节，会快速生长，常生于山谷田边、山坡草地或林缘。

【分布】小北湖、东湖。

156. 小蓬草（小飞蓬）

拉丁名：*Conyza canadensis*

【分类】菊科（Asteraceae）白酒草属（*Conyza*）

【形态特征】一年生草本；茎直立，圆柱状；下部叶倒披针形，近无柄或无柄；头状花序多数，花白色，花冠管状，瘦果线状披针形，被贴微毛；冠毛污白色，1层，糙毛状。花期5—9月。

【生态习性】常生于旷野、荒地、田边等地，阳性，耐寒，土壤要求排水良好但周围要有水分，易形成大片群落。

【分布】小北湖、东湖、西湖。

157. 苍耳

拉丁名：*Xanthium strumarium*

【分类】菊科（Asteraceae）苍耳属（*Xanthium*）

【形态特征】一年生草本；茎被灰白色糙伏毛；叶三角状卵形或心形，近全缘，有粗齿，上面绿色，下面苍白色，被糙伏毛；雄性的头状花序球形，花冠钟形；雌性的头状花序椭圆形；瘦果倒卵圆形，成

小蓬草

苍 耳

熟时变坚硬，外面有疏生的具钩状的刺，刺极细而直；7—8月开花，9—10月结果。

【生态习性】喜光，喜温湿环境，不耐旱，忌水涝，以排水良好、肥沃的土壤为佳。

【分布】小北湖、东湖、西湖。

158. 黄鹌菜

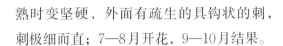

拉丁名：*Youngia japonica*

【分类】菊科（Asteraceae）黄鹌菜属（*Youngia*）

【形态特征】一年生草本；茎直立，顶端多分枝，茎下部与全部叶及叶柄被稀疏的皱波状长或短毛；基生叶丛生，倒披针形、椭圆形或宽线形，大头羽状深裂或全裂，长柄具翅，裂片卵形或卵状披针形，有锯齿或几全缘；头状花序含10~20枚黄色舌状小花，排成伞房花序；瘦果纺锤形。花果期4—10月。

【生态习性】对环境要求不严，常生于山坡、山沟及潮湿地、河边沼泽地、田间与荒地上。

【分布】小北湖、东湖、西湖。

黄鹌菜

159. 蓟

拉丁名：*Cirsium japonicum*

【分类】菊科（Asteraceae）蓟属（*Cirsium*）

【形态特征】多年生草本；块根纺锤状或萝卜状；茎直立，具纵条纹，被长毛；茎端头状花序下部灰白色，被绒毛及长

蓟

毛；基生叶卵形至长椭圆形，羽状深裂或几全裂，侧裂片宽狭变化极大，有小锯齿或二回状分裂，叶缘有针刺及刺齿；头状花序直立，顶生，总苞钟状，小花红或紫色；瘦果扁，冠毛浅褐色。花果期4—11月。

【生态习性】喜冷凉湿润的气候，以土质肥沃、土层深厚、微酸性的土壤为宜，常生于林缘、灌丛中、草地、荒地、路旁或溪旁。

【分布】小北湖、东湖、北湖。

160. 刺儿菜（小蓟）

拉丁名：*Cirsium arvense* var. *integrifolium*

【分类】菊科（Asteraceae）蓟属（*Cirsium*）

【形态特征】多年生草本；根茎具棱，上部多分枝，被薄绒毛；叶互生，椭圆形或披针形，叶缘有贴伏细密的针刺，无叶柄，边缘粗圆锯齿；头状花序单生茎端或排成伞房花序，小花紫红色或白色；瘦果淡黄色。花果期5—9月。

【生态习性】适应性很强，常群生于荒地、耕地、路边、村庄附近。

【分布】小北湖、东湖、西湖、北湖均有分布。

161. 一年蓬

162. 拉丁名：*Erigeron annuus*

【分类】菊科（Asteraceae）飞蓬属（*Erigeron*）

【形态特征】一年或二年生草本；茎直立，全株被短硬毛；叶互生，基生叶花期枯萎，矩圆形或宽卵形，缘有粗齿，中部和上部叶较小，矩圆状披针形或披针形，边缘不规则齿裂；头状花序排列成伞房状或圆锥状，舌状花，白色或淡蓝色，舌片条形；两性花筒状，黄色；瘦果。花期6—9月。

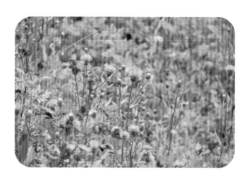

小　蓟

一年蓬

【生态习性】性喜光，耐贫瘠，以疏松、肥沃的土壤为佳。

【分布】小北湖、东湖、西湖。

163. 春飞蓬（春一年蓬）

拉丁名：*Erigeron philadelphicus*

【分类】菊科（Asteraceae）飞蓬属（*Erigeron*）

【形态特征】年生或多年生草本，全株被长硬毛及短硬毛，叶互生，基生叶莲座状，卵形或卵状倒披针形，叶柄基部常带紫红色，两面被倒伏的硬毛，缘具粗齿，中上部叶披针形或条状线形，无柄，缘有疏齿；头状花序数枚排成伞房或圆锥状，舌状花雌性，舌片线形，白色略带粉红色，管状花两性，黄色；瘦果。花期3—5月。

【生态习性】喜欢土壤肥沃，阳光充足处。

【分布】小北湖、东湖、西湖、北湖均有分布。

春飞蓬

164. 尖裂假还阳参（抱茎苦荬菜）

拉丁名：*Crepidiastrum sonchifolium*

【分类】菊科（Asteraceae）假还阳参属（*Crepidiastrum*）

【形态特征】一年生草本；基生叶莲座状，匙形、长倒披针形或长椭圆形，基部具宽翼柄，不分裂或大头羽状深裂，具锯齿，中下部茎叶长椭圆状卵形、长卵形或披针形，羽状深裂或半裂，基部圆耳状抱茎，上部茎叶卵状心形，基部心形抱茎；头状花序茎枝顶端排成伞房状花序，含黄色舌状小花；瘦果长椭圆形。花果期5—9月。

【生态习性】喜欢阳光充足、温暖湿润的

抱茎苦荬菜

生长环境，抗寒、耐旱，对土壤条件的要求不严。

【观赏特征】花小而艳丽，有一定观赏性。

【分布】小北湖、东湖、西湖。

165. 碱菀

拉丁名：*Tripolium pannonicum*

【分类】菊科（Asteraceae）碱菀属（*Tripolium*）

【形态特征】一年或二年生草本；茎下部常带红色，无毛；下部叶条状或矩圆状披针形，全缘或具疏锯齿；中部叶无柄，上部叶苞叶状，全部叶无毛，肉质；头状花序伞房状，有长花序梗，舌状花紫色，稀白色，管状花黄色；瘦果。花果期8—12月。

【生态习性】盐生植物，强盐碱土和碱土的指示植物，常散生或群生于海岸、湖滨、沼泽及盐碱地。

【分布】小北湖。

碱　菀

166. 野菊

拉丁名：*Dendranthema indicum*

【分类】菊科（Asteraceae）菊属（*Dendranthema*）

【形态特征】多年生草本；茎枝疏被毛；叶卵形、长卵形或椭圆状卵形，羽状半裂、浅裂或分裂不明显，边缘有浅锯齿，疏生短柔毛；头状花序排成伞房圆锥花序或伞房花序，舌状花黄色；瘦果。花期6—11月。

【生态习性】喜光，忌积水，多生于山坡草地、灌丛、河边水湿地、滨海盐渍地、田边及路旁。

【分布】小北湖。

野　菊

167. 续断菊（花叶滇苦菜）

拉丁名：*Sonchus asper*

【分类】菊科（Asteraceae）苦苣菜属（*Sonchus*）

【形态特征】一年生草本；叶长椭圆形或倒卵形，不分裂或缺刻状半裂或羽状分裂，下部叶叶柄有翅，中上部叶及裂片与抱茎圆耳边缘有尖齿刺；头状花序密集成伞房状，舌状花黄色；瘦果。花果期5—10月。

【生态习性】喜湿润环境，耐盐碱，多生于海岸、湖滨、沼泽及盐碱地。

【分布】小北湖、西湖、北湖。

续断菊

168. 苦苣菜

拉丁名：*Sonchus oleraceus*

【分类】菊科（Asteraceae）苦苣菜属（*Sonchus*）

【形态特征】一年或二年生草本；叶柔软无毛，羽裂，缘有刺状尖齿；头状花序排成伞房状，舌状花黄色；瘦果。花果期5—12月。

【生态习性】较喜温暖湿润气候，对土壤要求不高，但以疏松、肥沃的土壤种植为佳。

【分布】小北湖、东湖、西湖、北湖均有分布。

苦苣菜

169. 长裂苦苣菜

拉丁名：*Sonchus brachyotus*

【分类】菊科（Asteraceae）苦苣菜属（*Sonchus*）

【形态特征】一年生草本；茎直立，有纵条纹；基生叶与下部茎叶全形卵形、长椭圆形或倒披针形，羽状深裂、半裂或浅裂，极少不裂；头状花序少数在茎枝顶端排成伞房状花序，舌状小花多数，黄色；瘦果长椭圆状，褐色。花果期6—9月。

【生态习性】喜湿润，喜温暖，耐寒，对土壤要求不高。

【分布】小北湖、北湖。

长裂苦苣菜

170. 剪刀股

拉丁名：*Ixeris japonica*

【分类】菊科（Asteraceae）苦荬菜属（*Ixeris*）

【形态特征】多年生草本；茎基部平卧，基部有匍匐茎，节上生不定根与叶；叶匙状倒披针形或舌形，边缘有锯齿，羽状半裂或深裂，或大头羽状半裂或深裂，先端有小尖头；头状花序排成伞房花序，舌状小花黄色；瘦果。花果期3—5月。

【生态习性】喜冷凉湿润环境，既喜湿，又耐干旱。

【分布】小北湖。

剪刀股

171. 苦荬菜

拉丁名：*Ixeris polycephala*

【分类】菊科（Asteraceae）苦荬菜属（*Ixeris*）

【形态特征】一年或二年生草本；叶椭圆状披针形或披针形，基部耳状抱茎；头状花序密集成伞房状或近伞形状，舌状花黄

苦荬菜

色；瘦果。花果期6—10月。

【生态习性】耐寒、抗旱，对土壤要求不高，各类土壤中均可生长。

【分布】小北湖、东湖、西湖。

172. 鳢肠

拉丁名：*Eclipta prostrata*

【分类】菊科（Asteraceae）鳢肠属（*Eclipta*）

【形态特征】一年生草本；叶披针形、椭圆状披针形或条状披针形，全缘或有细锯齿，被糙伏毛；头状花序腋生或顶生，花白色；瘦果。花期6—9月。

鳢 肠

【生态习性】喜湿润环境，耐阴湿；以潮湿、疏松肥沃的砂质壤土栽培为宜。

【分布】小北湖、东湖、西湖。

173. 马兰

拉丁名：*Kalimeris indica*

【分类】菊科（Asteraceae）马兰属（*Kalimeris*）

【形态特征】多年生草本；茎部叶倒披针形或倒卵状矩圆形，基部渐狭成具翅的长柄，边缘具齿或羽裂，上部叶小，全缘，无柄；头状花序单生枝端并排列成疏伞房状，舌状花浅紫色；瘦果。5—9月开花，8—10月结果。

【生态习性】喜湿润环境，耐旱，耐涝，耐寒，但以肥沃、排水良好的沙质壤土栽培为宜。

【分布】小北湖。

174. 泥胡菜

拉丁名：*Hemisteptia lyrata*

【分类】菊科（Asteraceae）泥胡菜属（*Hemisteptia*）

马 兰

【**形态特征**】二年生草本；基生叶莲座状，倒披针形或倒披针状椭圆形，基部抱茎，提琴状羽状分裂，具锯齿，下面被白色蛛丝状毛，中部叶椭圆形，羽状分裂，上部叶条状披针形至条形；头状花序伞房状，花紫色，瘦果。花果期3—8月。

【**生态习性**】喜温湿环境，不耐强光；以肥沃疏松、储水性好且富含有机物的土壤栽培为宜。

【**分布**】小北湖。

泥胡菜

175. 蒲公英

拉丁名：*Taraxacum mongolicum*

【**分类**】菊科（Asteraceae）蒲公英属（*Taraxacum*）

【**形态特征**】多年生草本；叶莲座状，矩圆状倒披针形或倒披针形，羽状深裂，具齿；头状花序，舌状花黄色，瘦果褐色；种子上有白色冠毛结成的绒球，花开后随风飘到新的地方孕育新生命。花期4—9月，果期5—10月。

【**生态习性**】喜光，抗寒、耐热，对土壤要求不严，但喜肥沃、湿润、疏松、有机质含量高的土壤。

蒲公英

【**观赏特征**】待花开尽，微风吹拂，种子飘飞漫天，十分美丽。

【**分布**】小北湖、东湖、西湖。

176. 山莴苣

拉丁名：*Lagedium sibiricum*

【**分类**】菊科（Asteraceae）山莴苣属（*Lagedium*）

【**形态特征**】多年生草本；茎直立单生，常淡红紫色；叶披针形、长披针形或长椭圆状披针形，无柄，基部心形或扩大耳状半抱茎，全缘或浅裂或具锯齿；头状花序排成伞房

山莴苣

花序或伞房圆锥花序，舌状小花蓝色或蓝紫色；瘦果长椭圆形或椭圆形。花果期7—9月。

【生态习性】喜温、抗旱、怕涝，喜微酸性至中性土壤。

【观赏特征】株型美观，茎颜色多变，有一定观赏性。

【分布】小北湖。

177. 鼠麴草

拉丁名：*Gnaphalium affine*

【分类】菊科（Asteraceae）鼠麴草属（*Gnaphalium*）

【形态特征】一年生草本；茎基部多分枝，被白色厚棉毛；叶无柄，匙状倒披针形或倒卵状匙形，两面被白色棉毛；头状花序密集成伞房花序，花黄色至淡黄色；瘦果倒卵形。花期1—4月，果期8—11月。

鼠麴草

【生态习性】对土壤的适应范围广，光照要求不严格，较耐弱光，常生长于干地或湿润草地上。

【分布】小北湖。

178. 天名精

拉丁名：*Carpesium abrotanoides*

【分类】菊科（Asteraceae）天名精属（*Carpesium*）

【形态特征】多年生草本；茎直立，上部多分枝；叶互生，下部叶片宽椭圆形或长圆形，基部狭成具翅的叶柄，边缘有不规则的锯齿或全缘，上部叶渐小，无叶柄；头状花序腋生，花黄色；瘦果。花期

天名精

6—8月，果期9—10月。

【生态习性】常生长于山坡、路旁、墙边或草坪上。

【分布】小北湖。

179. 天人菊

拉丁名：*Gaillardia pulchella*

【分类】菊科（Asteraceae）天人菊属（*Gaillardia*）

【形态特征】一年生草本；下部叶匙形或倒披针形，边缘波状钝齿，近无柄，上部叶长椭圆形，倒披针形或匙形，全缘或上部有疏锯齿或中部以上3浅裂；头状花序，舌状花黄色，基部带紫色；瘦果。花果期6—8月。

【生态习性】耐干旱炎热，不耐寒，喜阳光，也耐半阴，宜排水良好的疏松土壤。

【观赏特征】花姿娇娆，色彩艳丽，花期长，可作花坛、花丛的材料。

【分布】西湖。

天人菊

180. 豚草

拉丁名：*Ambrosia artemisiifolia*

【分类】菊科（Asteraceae）豚草属（*Ambrosia*）

【形态特征】一年生草本；茎被糙毛；上部叶互生，羽裂，无柄，下部叶对生，2回羽裂，被短糙毛，具短柄；花淡黄色，雄头状花序具短梗，排成总状花序，雌头状花序无梗，在雄头状花序下面或上部叶腋单生或2~3聚生，有一个无花被的雌花。瘦果倒卵形，藏于坚硬的总苞中。花期8—9月，果期9—10月。

【生态习性】喜光照，湿润的环境，不耐旱，抗寒。

【分布】小北湖。

豚 草

181. 万寿菊

拉丁名：*Tagetes erecta*

【分类】菊科（Asteraceae）万寿菊属（*Tagetes*）

【形态特征】一年生草本；叶羽裂，裂片长椭圆形或披针形，具锐锯齿，上部叶裂片齿端有长细芒；头状花序单生，舌状花黄色或暗橙色，管状花黄色；瘦果线形。花期7—9月。

【生态习性】喜欢阳光充足、温暖的环境，稍耐寒，耐旱，对土壤要求不严。

【观赏特征】植株低矮，整齐，球形花大而艳丽，花期长，极具观赏价值。

【分布】西湖。

万寿菊

182. 翅果菊

拉丁名：*Pterocypsela laciniata*

【分类】菊科（Asteraceae）翅果菊属（*Pterocypsela*）

【形态特征】一年生或二年生草本；茎枝无毛；茎生叶线形，叶形多变，全缘或具齿；头状花序排成圆锥花序，舌状花黄色；瘦果椭圆形。花果期4—11月。

【生态习性】常生长于光照充足的山谷、山坡林缘及林下、灌丛中或水沟边、山坡草地或田间。

【分布】小北湖、北湖。

翅果菊

183. 旋覆花

拉丁名：*Inula japonica*

【分类】菊科（Asteraceae）旋覆花属（*Inula*）

【形态特征】多年生草本；叶狭椭圆形，

基部有半抱茎的小耳，全缘或具小尖头状疏齿；头状花序排成疏散伞房花序，梗细，舌状花黄色；瘦果圆柱形。花期6—10月，果期9—11月。

【生态习性】性喜阳光，耐寒、耐旱、耐贫瘠，对土壤要求不严格，但以肥沃的砂质或壤土为佳。

【观赏特征】花色明艳，富有野趣，常栽植于花镜、丛植岸边。

【分布】小北湖、东湖。

旋覆花

184. 鸦葱

拉丁名：*Scorzonera austriaca*

【分类】菊科（Asteraceae）鸦葱属（*Scorzonera*）

【形态特征】多年生草本；茎簇生，不分枝，基部密被棕褐色纤维状撕裂鞘状残遗物；基生叶线形、线状披针形或长椭圆形，基部渐狭成具翅长柄，柄基鞘状，茎生叶鳞片状披针形或钻状披针形，半抱茎；头状花序单生茎端，舌状小花黄色；瘦果圆柱状。花果期4—7月。

【生态习性】适应性强，能适应各种恶劣环境，耐寒，耐旱，喜土层深厚而肥沃的沙壤土。

【观赏特征】小花黄色，外表别致。

【分布】小北湖。

鸦 葱

185. 加拿大一枝黄花

拉丁名：*Solidago canadensis*

【分类】菊科（Asteraceae）一枝黄花属（*Solidago*）

【形态特征】多年生草本；具长根状茎；叶互生，披针形或线状披针形；头状花序很

加拿大一枝黄花

钻叶紫菀

小，在花序分枝上单面着生，与多数弯曲的花序分枝形成圆锥状花序；瘦果。花果期10—11月，一株植株可形成2万多粒种子。

【生态习性】喜阳不耐阴，耐旱，耐较贫瘠的土壤，在山坡荒地，乃至水泥地裂缝中都能生长旺盛，繁殖能力极强。

【分布】小北湖、东湖、西湖、北湖均有分布。

186. 钻叶紫菀

拉丁名：*Symphyotrichum subulatum*

【分类】菊科（Asteraceae）联毛紫菀属（*Symphyotrichum*）

【形态特征】一年生草本；茎多分枝，带紫红色；叶披针形，全缘，稀被疏齿，背面中脉凸起，无叶柄；头状花序圆锥状，花序梗具4~8枚钻形苞叶，雌花花冠舌状，淡红色、红色、紫红色或紫色，线形，常卷曲；两性花花冠管状；瘦果。花果期6—10月。

【生态习性】喜光照充足、温暖湿润的环境，耐半阴，不耐旱，耐寒，对土壤要求不严。

【观赏特征】花叶细弱，繁花点点，富有野趣。

【分布】小北湖。

4.4 藤本植物

1. 菝葜

拉丁名：*Smilax china*

【分类】百合科（Liliaceae）菝葜属（*Smilax*）

【**形态特征**】落叶攀援灌木；叶薄革质或坚纸质，干后通常红褐或近古铜色，常圆形或卵形；鞘与叶柄近等宽，具卷须，脱落点近卷须；伞形花序生于幼枝，绿黄色；浆果熟时红色，有粉霜。花期2—5月，果期9—11月。

【**生态习性**】喜光，耐半阴，耐旱，耐寒耐瘠薄。

【**观赏特征**】果色红艳，嫩芽鲜红，叶形奇特，可用其攀附岩石、假山作边坡绿化，增加自然野趣。

【**分布**】小北湖。

菝　葜

2. 杠板归

拉丁名：*Polygonum perfoliatum*

【**分类**】蓼科（Polygonaceae）蓼属（*Polygonum*）

【**形态特征**】一年生攀援草本；茎略呈方柱形，有棱角，与下表面叶脉、叶柄均有倒生钩刺，紫红色或紫棕色；叶互生，盾状着生；叶片近等边三角形，总状花序短穗状，白色或淡红紫色；瘦果球形，黑色。花期6—8月，果期7—10月。

【**生态习性**】适生性强，但性喜温暖，对土壤要求不严格，以土层深厚肥沃的沙壤土为佳。

【**分布**】小北湖。

杠板归

3. 木防己

拉丁名：*Cocculus orbiculatus*

【**分类**】防己科（Menispermaceae）木防己属（*Cocculus*）

【**形态特征**】木质藤本；叶片纸质至近革质，形状变异极大，顶端短尖或有小凸尖，有时微缺或2裂，全缘或3（5）裂，两面被毛；掌状脉3（5）条；聚伞花序排成圆锥状，淡黄色；核果近球形，红色至紫红色。花期5—8月，果期8—9月。

【生态习性】喜湿润的土壤，较耐干旱；喜温暖，较耐寒，耐贫瘠。

【观赏特征】叶形多样，大而翠绿，果实熟后红色或紫红色，色彩艳丽美观。

【分布】小北湖、东湖、西湖、北湖均有分布。

木防己

4. 野大豆

拉丁名：*Glycine soja*

【分类】豆科（Fabaceae）大豆属（*Glycine*）

【形态特征】一年生缠绕草本；全株疏被褐色长硬毛；叶具3小叶，顶生小叶卵状披针形，先端锐尖至钝圆，基部近圆形，全缘；总状花序，花淡红紫色或白色；荚果矩形。花期7—8月，果期8—10月。

【生态习性】喜水耐湿，耐盐碱性及抗寒性，多生于山野以及河流沿岸、湿草地、湖边等。

野大豆

【观赏特征】紫色花小而精致，是国家二级保护植物，是重要的种质资源。

【分布】小北湖、东湖、西湖、北湖均有分布。

5. 贼小豆

拉丁名：*Vigna minima*

【分类】豆科（Fabaceae）豇豆属（*Vigna*）

【形态特征】一年生缠绕草本；茎纤细；羽状复叶具3小叶，叶形和大小变化颇大，卵形、卵状披针形、披针形或线形，托叶披针形，盾状着生，被疏硬毛；总状花序；总花梗远长于叶柄，花冠黄色；荚果圆柱形。花、果期8—10月。

【生态习性】常野生于旷野、草丛或灌木丛中。

【分布】小北湖。

6. 紫藤

拉丁名：*Wisteria sinensis*

【分类】豆科（Fabaceae）紫藤属（*Wisteria*）

【形态特征】落叶木质藤本；奇数羽状复叶，托叶线形，早落；总状花序，花冠紫色，花开后反折；荚果倒披针形。花期4月中旬至5月上旬，果期5—8月。

【生态习性】适应性强，较耐寒，能耐水湿及瘠薄土壤，喜光，较耐阴。

【观赏特征】春季开花，紫穗满垂并缀以稀疏嫩叶，十分优美，是优良的观花藤本植物。

【分布】小北湖、西湖。

7. 地锦

拉丁名：*Parthenocissus tricuspidata*

【分类】葡萄科（Vitaceae）地锦属（*Parthenocissus*）

【形态特征】落叶木质藤本；卷须顶端嫩时膨大呈圆珠形，后遇附着物扩大成吸盘；单叶，倒卵圆形，通常3浅裂，叶缘有粗锯齿；多歧聚伞花序生于短枝，萼碟形；浆果球形，熟时蓝色。花期5—8月，果期9—10月。

【生态习性】喜温暖湿润气候；适应性强，既喜阳光，也能耐荫，对土质要求不严。

贼小豆

紫　藤

地　锦

【观赏特征】枝繁叶茂，炎夏苍翠欲滴，入秋红叶斑斓，绚丽夺目。

【分布】小北湖、东湖、西湖。

8. 乌蔹莓

乌蔹莓

拉丁名：*Cayratia japonica*

【分类】葡萄科（Vitaceae）乌蔹莓属（*Cayratia*）

【形态特征】草质藤本；鸟足状复叶，具长叶柄，5小叶，长椭圆形或椭圆披针形；复二歧聚伞花序腋生，花小，雄花黄色，雌花粉色；浆果近球形，绿色至黑紫色。花期3—8月，果期8—11月。

【生态习性】喜光，喜湿，耐半阴，耐旱，稍耐寒。常生于山谷、林中或山坡灌丛。

【观赏特征】花序形态独特，果实成熟后黑紫色，点缀叶间，野趣十足。

【分布】小北湖、东湖、西湖、北湖均有分布。

9. 常春藤

常春藤

拉丁名：*Hedera nepalensis var. sinensis*

【分类】五加科（Araliaceae）常春藤属（*Hedera*）

【形态特征】常绿攀援灌木；气生根，茎灰棕色或黑棕色；单叶互生，革质，基部楔形，全缘或3浅裂；伞形花序单个顶生，花淡黄白色或淡绿白色；果实圆球形。花期9—11月，果期翌年3—5月。

【生态习性】阴性藤本植物，也能生长在全光照的环境中，在温暖湿润的气候条件下生长良好，不耐寒。

【观赏特征】叶形美丽，四季常青，在我国各地常作垂直绿化使用。

【分布】东湖、西湖。

10. 萝藦

拉丁名：*Cynanchum chinense*

【分类】萝藦科（Asclepiadaceae）鹅绒藤属（*Cynanchum*）

【形态特征】多年生草质藤本；具乳汁；茎圆柱状；叶膜质，卵状心形，先端渐尖；叶面绿色，叶背粉绿色；总状式聚伞花序腋生或腋外生，花白色，有淡紫红色斑纹；蓇葖果纺锤形。花期7—8月，果期9—12月。

【生态习性】喜充足的日光直射，稍耐荫；喜温暖，耐低温，喜微潮偏干的土壤环境，稍耐干旱。

【观赏特征】叶形美丽，花秀丽，有一定观赏价值。

【分布】小北湖、东湖、西湖、北湖均有分布。

萝 藦

11. 鹅绒藤

拉丁名：*Cynanchum chinense*

【分类】萝藦科（Asclepiadaceae）鹅绒藤属（*Cynanchum*）

【形态特征】多年生草质藤本；具乳汁；主根圆柱状；叶对生，薄纸质，宽三角状心形，先端骤尖；叶面深绿色，叶背苍白色；伞形聚伞花序腋生，花冠白色；蓇葖果细圆柱状。花期6—8月，果期8—10月。

鹅绒藤

【生态习性】喜光，稍耐荫；喜温暖，耐低温，喜微潮偏干的土壤环境，稍耐干旱。

【观赏特征】叶形美丽，花秀丽，有一定观赏价值。

【分布】小北湖、东湖。

12. 络石

拉丁名：*Trachelospermum jasminoides*

【分类】夹竹桃科（Apocynaceae）络石属（*Trachelospermum*）

【形态特征】常绿木质藤本；具乳汁；叶对生，革质或近革质，椭圆形至卵状椭圆形或宽倒卵形，叶面无毛或被疏毛；二歧聚伞花序圆锥状，腋生或顶生，花白色，芳香；蓇葖果线状披针形。花期3—7月，果期7—12月。

【生态习性】适应性强，较耐寒冷和暑热，但忌严寒。喜湿润环境，喜弱光，忌干风吹袭，对土壤的要求不严。

【观赏特征】四季常青，花具芳香，是理想的地被植物。

【分布】小北湖、东湖、西湖。

园艺品种花叶络石（*Trachelospermum jasminoides* 'Flame'），叶面有不规则白色或乳黄色斑点，在新叶与老叶间有数对斑状花叶，色彩斑斓，分布于小北湖、东湖、西湖。

络　石　　　　　　　　　　　　　　花叶络石

打碗花

13. 打碗花

拉丁名：*Calystegia hederacea*

【分类】旋花科（Convolvulaceae）打碗花属（*Calystegia*）

【形态特征】一年生草质藤本；基部叶片长圆形，基部戟形，茎上部的叶三角状戟形；单花腋生，花苞片大，紧包花萼，二片，状似一碗打破后开裂，故名打碗花，花冠淡紫色或淡红色，五角形钟状；蒴果卵球形。花期7—9月。

【生态习性】喜温和湿润的环境，适应性强。

【分布】小北湖、东湖、西湖。

14. 盒子草

拉丁名：*Actinostemma tenerum*

【分类】葫芦科（Cucurbitaceae）盒子草属（*Actinostemma*）

【形态特征】一年生攀援草本；枝纤细；叶心状戟形、心状窄卵形、宽卵形或披针状三角形，叶缘具锯齿；叶柄细，卷须2歧。花单性，雌雄同株，稀两性，雄花序总状或圆锥状，雌花单生、双生或雌雄同序，花白色；蒴果卵形，双手轻轻一捏，可像盒子一样打开。花期7—9月，果期9—11月。

【生态习性】喜阴凉潮湿，常生长在山坡阴湿处草丛中、沟边灌丛。

【分布】小北湖。

盒子草

15. 牵牛

拉丁名：*Pharbitis nil*

【分类】旋花科（Convolvulaceae）牵牛属（*Pharbitis*）

【形态特征】一年生缠绕草本；叶宽卵形或近圆形，具3~5裂，基部心形；花腋生，单一或通常2朵着生于花序梗顶，花蓝紫色或紫红色；蒴果近球形。花期6—10月，果期8—10月。

【生态习性】喜温暖、光照充足的环境，较耐热，不耐寒冷；对土壤适应性强，较耐干旱盐碱。

【观赏特征】夏秋季开花，形似漏斗，花大而美丽，富有野趣。

【分布】小北湖、东湖、北湖。

牵　牛

16. 圆叶牵牛

拉丁名：*Pharbitis purpurea*

【分类】旋花科（Convolvulaceae）牵牛属（*Pharbitis*）

圆叶牵牛

【形态特征】一年生缠绕草本；叶圆心形或宽卵状心形，基部心形，顶端锐尖、骤尖或渐尖，通常全缘，偶有3裂；花腋生，单一或2~5朵着生于花序梗顶端成伞形聚伞花序，花冠漏斗状，紫红色、红色或白色；蒴果近球形。花期5—10月，果期8—11月。

【生态习性】适应性较强，故分布广泛。阳性，喜温暖，不耐寒，耐干旱瘠薄。

【观赏特征】常生于路边、野地和篱笆旁，栽培供观赏，充满野趣，亦可作攀援棚架、篱垣等。

【分布】西湖、北湖。

17. 鸡矢藤

拉丁名*Paederia foetida*

【分类】茜草科（Rubiaceae）鸡矢藤属（*Paederia*）

【形态特征】草质藤本；叶对生，膜质，卵形或披针形，有臭味；圆锥花序式聚伞花序腋生或顶生，花冠紫蓝色，被绒毛；果阔椭圆形。花期5—6月。

【生态习性】多生长于温湿的环境中，且耐寒、耐旱、耐瘠薄。

【观赏特征】可用来覆盖山石荒坡，美化矮墙，栽植绿篱，亦可用于花架垂直绿化。

【分布】小北湖、东湖、西湖、北湖均有分布。

鸡矢藤

18. 茜草

拉丁名：*Rubia cordifolia*

【分类】茜草科（Rubiaceae）茜草属（*Rubia*）

【形态特征】草质攀援藤本；叶4片轮生，纸质，披针形或心形，边缘有齿状皮刺，两面粗糙，脉有小皮刺；聚伞花序腋生和顶生，花淡黄色；浆果球形，熟时橘黄色至紫黑色。花期8—9月，果期10—11月。

茜　草

【生态习性】喜凉爽气候和较湿润的环境，性耐寒，怕积水。

【观赏特征】4片心形叶轮生，极为美观，秋季浆果成熟，橘红色挂满枝上，令人心生欢喜。

【分布】小北湖。

19. 金银花

拉丁名：*Lonicera japonica*

【分类】忍冬科（Caprifoliaceae）忍冬属（*Lonicera*）

金银花

【形态特征】多年生半常绿缠绕及匍匐茎灌木；小枝细长，中空，藤为褐色至赤褐色；卵形叶子对生，枝叶均密生柔毛和腺毛；夏季开花，花色初为白色，渐变为黄色，黄白相映；球形浆果，熟时黑色。花期4—6月，果期10—11月。

【生态习性】适应性很强，喜阳、耐阴，耐寒性强，也耐干旱和水湿，对土壤要求不严。

【观赏特征】枝条细而柔软，成片植于林间树下，富有自然情趣，并能净化空气，香气久远。

【分布】小北湖、西湖、北湖。

20. 马兜铃

拉丁名：*Aristolochia debilis*

【分类】马兜铃科（Aristolochiaceae）马兜铃属（*Aristolochia*）

【形态特征】多年生缠绕草质藤本；茎暗紫色或绿色，有腐肉味；叶纸质，互生，卵状三角形，长圆状卵形或戟形；花单生或2朵聚生于叶腋，花被基部膨大呈球形，管口漏斗状，黄绿色，具紫斑，檐部一侧延伸成卵状披针形舌片；蒴果近球形。花期7—8月，果期9—10月。

【生态习性】喜光，稍耐阴，耐寒，对土壤要求不严，适应性强。

【观赏特征】叶形美观，花形奇特，蒴果悬挂空中，观赏性极佳。

【分布】北湖。

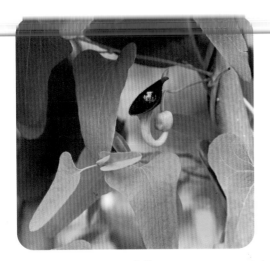

马兜铃

21. 野蔷薇

拉丁名：*Rosa multiflora*

【分类】蔷薇科（Rosaceae）蔷薇属（*Rosa*）

【形态特征】攀援灌木；小枝圆柱形，通常无毛；叶片为倒卵形、长圆形或卵形，边缘有尖锐单锯齿；花排成圆锥状，花色很多，有白色、浅红色、深桃红色、黄色等；果近球形，红褐色或紫褐色。花期5—6月，果期9—10月。

【生态习性】喜光，耐半阴、耐寒，对土壤要求不严，忌低洼积水。

【观赏特征】初夏开花，花繁叶茂，芳香清幽，花形千姿百态，花色五彩缤纷。

【分布】小北湖、西湖、北湖。

野蔷薇

4.5　水生植物

1.　田字萍

拉丁名：*Marsilea quadrifolia*

【分类】苹科（Marsileaceae）苹属（*Marsilea*）

【形态特征】一年或多年生浮水草本；根状茎匍匐细长，横走，分枝，顶端有淡棕色毛，茎节远离，向上出一叶或数叶；叶由4片倒三角形的小叶组成，呈"十"字形，外缘半圆形，两侧截形，叶脉扇形分叉，网状。

【生态习性】喜生于湖泊、池塘或沼泽地中。幼年期沉水，成熟时浮水、挺水或陆生，在孢子果发育阶段需要挺水。

【观赏特征】生长快，整体形态美观。

【分布】小北湖、东湖、西湖。

田字萍

2. 满江红

拉丁名：*Azolla pinnata subsp. asiatica*

【分类】满江红科（*Azollaceae*）满江红属（*Azolla*）

【形态特征】小型漂浮蕨类；植物体呈卵形或三角状，根状茎细长横走，侧枝腋生；叶小如芝麻，互生，无柄，排列成两行，叶片深裂两部分，背裂片长圆形或卵形，肉质，绿色，但在秋后常变为紫红色；冬季植株多枯死，来年靠已受精的大孢子繁殖。

【生态习性】生长温幅宽，繁殖速度快，适应能力强，漂浮于水面，不耐高温和低温。

【观赏特征】形态奇特，可用于庭院、公园的水体绿化。

【分布】小北湖、东湖、西湖。

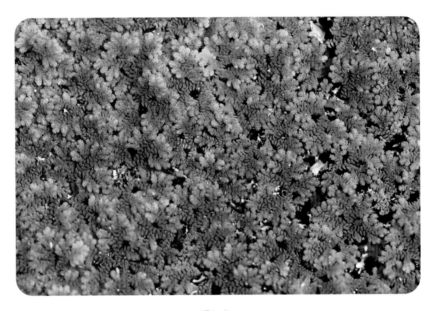

满江红

3. 千屈菜

拉丁名：*Lythrum salicaria*

【分类】千屈菜科（*Lythraceae*）千屈菜属（*Lythrum*）

【形态特征】多年生草本；根状茎横生；茎直立，多分枝，全株青绿色，枝具4棱；叶对生或三叶轮生，披针形或阔披针形，略抱茎，全缘，无柄；聚伞花序，花梗及总花梗极短，花枝似大型穗状花序，花红紫色或淡紫色；蒴果扁圆形。花期7—9月。

【生态习性】喜强光，耐寒性强，喜水湿，对土壤要求不严，常生于河岸、湖畔、溪沟边和潮湿草地。

【**观赏特征**】株型秀丽，花朵繁茂，花色艳丽，花期长，丛植或片植观赏效果均佳。

【**分布**】小北湖、东湖、西湖。

千屈菜

4. 水烛

拉丁名：*Typha angustifolia*

【**分类**】香蒲科（Typhaceae）香蒲属（*Typha*）

【**形态特征**】多年生水生或沼生草本；地上茎直立，粗壮，叶片较长；雌花序粗大，雌雄花序相距2.5～6.9cm；雄花序轴具褐色扁柔毛，单出，或分叉；叶状苞片1～3枚，花后脱落；雌花序长15～30cm，基部具1枚叶状苞片，通常比叶片宽，花后脱落；叶鞘抱茎；小坚果长椭圆形，种子深褐色。花果期6—9月。

【**生态习性**】分布较广，常生长于河湖岸边

水　烛

浅水处，水深可达1m或更深，水体干枯时可生于湿地及地表龟裂环境中。

【观赏特征】是中国传统的水景花卉，用于美化水面和湿地。

【分布】小北湖、东湖、西湖。

5. 香蒲

拉丁名：*Typha orientalis*

【分类】香蒲科（Typhaceae）香蒲属（Typha）

【形态特征】多年生水生或沼生草本；叶片条形，光滑无毛，上部扁平，下部腹面微凹，背面逐渐隆起呈凸形，叶鞘抱茎；雌雄花序紧密连接；小坚果椭圆形至长椭圆形。花果期5—8月。

【生态习性】喜高温多湿气候，生长适温为15～30℃，当气温下降到10℃以下时，生长基本停止，越冬期间能耐零下9℃低温。

香　蒲

眼子菜

【观赏特征】叶绿穗奇常用于点缀园林水池、湖畔，构筑水景。

【分布】小北湖、东湖、西湖。

6. 眼子菜

拉丁名：*Potamogeton distinctus*

【分类】眼子菜科（Potamogetonaceae）眼子菜属（*Potamogeton*）

【形态特征】多年生沉水草本；根茎发达，白色，多分枝，常于顶端形成纺锤状休眠芽体，并在节处生有稍密的须根；茎圆柱形，通常不分枝；浮水叶革质，披针形、宽披针形至卵状披针形；穗状花序顶生，具花多轮，开花时伸出水面，花后沉没水中；花果期5—10月。

【生态习性】生于地势低洼、长期积水、土壤黏重及池沼、河流浅水处。

【观赏特征】净化效果较好，生于

静水河湖中，有助于营造良好的水质环境和优美的水面景观。

【分布】小北湖、东湖、西湖。

7. 菹草

拉丁名：*Potamogeton crispus*

【分类】眼子菜科（Potamogetonaceae）眼子菜属（*Potamogeton*）

【形态特征】多年生沉水草本植物；茎扁圆形；叶披针形，先端钝圆，叶缘波状并具锯齿；花序穗状；秋季发芽，冬春生长，4—5月开花结果，夏季6月后逐渐衰退腐烂，同时形成鳞枝（冬芽）以度过不适环境。冬芽坚硬，边缘具有齿，形如松果，在水温适宜时开始萌发生长。

【生态习性】生于池塘、湖泊、溪流中，静水池塘或沟渠较多，水体多呈微酸至中性。

【观赏特征】净化效果较好，是湖泊、池沼、小水景中的良好绿化材料。

【分布】小北湖、东湖、西湖。

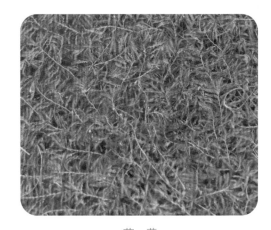

菹　草

8. 华夏慈姑

拉丁名：*Sagittaria trifolia subsp. leucopetala*

【分类】泽泻科（Alismataceae）慈姑属（*Sagittaria*）

【形态特征】多年生水生或沼生草本；植株高大，匍匐茎末端膨大呈卵圆形或球形球茎；叶片戟形；花单性同株，圆锥花序高大，花白色；瘦果。花果期5—10月。

华夏慈姑

【生态习性】喜温湿及光照充足的湖泊、池塘、沼泽、沟渠等水域生长。不耐寒，越冬时应保持0℃以上的泥温。

【观赏特征】叶形奇特秀美，与其它水生植物配植布置水面景观。

【分布】东湖、西湖。

9. 泽泻

拉丁名：*Alisma plantago-aquatica*

【分类】泽泻科（Alismataceae）泽泻属（*Alisma*）

【形态特征】多年生水生或沼生草本；叶基生，沉水叶较小，卵形或椭圆形，浮水叶较大，卵圆形，先端钝圆，基部心形：花两性，外轮花被片3枚，绿色，卵圆形，内轮花被片白色，匙形或近倒卵形，花果期7～9月。

【生态习性】多生于浅水带，沼泽、沟渠及低洼湿地亦有生长。喜光，喜肥，喜湿。

【观赏特征】花较大，花期较长，可用于花卉观赏。

【分布】小北湖。

泽泻

10. 黑藻

拉丁名：*Hydrilla verticillata*

【分类】水鳖科（Hydrocharitaceae）黑藻属（*Hydrilla*）

【形态特征】单子叶多年生沉水植物；茎直立细长，圆柱形，表面具纵向细棱纹，质较脆；叶3～8枚轮生，线形或长条形，常具紫红色或黑色小斑点，先端锐尖，边缘锯齿明显，无柄，具腋生小鳞片。花单性，雌雄异株。

黑藻

【生态习性】喜阳光充足的环境，环境荫蔽植株生长受阻，新叶叶色变淡，老叶逐渐死亡。性喜温暖，在15～30℃的温度范围内生长良好，越冬不低于4℃。

【观赏特征】广布于池塘、湖泊和河道中，作为沉水景观观赏效果很好。

【分布】东湖、西湖。

11. 水鳖

拉丁名：*Hydrocharis dubia*

【分类】水鳖科（Hydrocharitaceae）水鳖属（*Hydrocharis*）

【形态特征】多年生飘浮草本植物；葡萄茎顶端生芽；叶簇生，心形或圆形，全缘，下面略带红紫色，远轴面有蜂窝状贮气组织，具气孔；花单性，佛焰苞膜质透明，具红紫色条纹，雄花序腋生，黄色雄花5~6朵聚生于具佛焰苞的花梗上，白色雌花单生于佛焰苞内，花大，基部黄色；果实浆果状，球形至倒卵形。花果期8—10月。

【生态习性】喜温暖环境，生长期在春夏季，到了秋季植株就停止生长，入冬则生长出休眠芽沉入水底越冬。

【观赏特征】叶色翠绿，叶形独特，花大而色彩清新，极具观赏价值。

【分布】东湖、西湖。

水 鳖

12. 芦苇

拉丁名：*Phragmites australis*

【分类】禾本科（Poaceae）芦苇属（*Phragmites*）

【形态特征】多年生挺水草本；根状茎十分发达，秆直立，基部和上部的节间较短，最长节间位于下部第4~6节，节下被腊粉；叶片披针状线形，无毛，顶端长渐

芦 苇

尖成丝形；圆锥花序大型，白绿色或褐色。花期8—12月。

【生态习性】生在浅水或低湿地，根状茎具有很强的生命力，能较长时间埋在地下，一旦条件适宜，仍可发育成新枝。对水分的适应幅度很宽，从土壤湿润到长年积水，都能形成芦苇群落。

【观赏特征】茎秆直立，植株高大，迎风摇曳，野趣横生，具有短期成型、快速成景等优点。

【分布】小北湖、东湖、西湖、北湖均有分布。

13. 芦竹

拉丁名：*Arundo donax*

【分类】禾本科（Poaceae）芦竹属（*Arundo*）

【形态特征】多年生挺水草本；具发达根状茎；秆粗大直立，坚韧，具多数节，常生分枝；叶鞘长于节间，无毛或颈部具长柔毛；叶舌截平，先端具短纤毛，叶片扁平，上面与边缘微粗糙，基部白色，抱茎；圆锥花序极大型；颖果细小黑色。花果期9—12月。

【生态习性】喜温暖，喜水湿，生于河岸道旁、砂质壤土上。

【观赏特征】叶片伸长，具白色纵长条纹而甚美观，常作观叶植物。

【分布】小北湖、东湖、西湖、北湖均有分布。

园艺品种花叶芦竹（*Arundo donax var. versicolor*），早春叶色黄白条纹相间，分布于东湖、西湖。

花叶芦竹

14. 水葱

拉丁名：*Scirpus validus var. laeviglumis*

【分类】莎草科（Cyperaceae）藨草属（*Scirpus*）

【形态特征】多年生挺水草本；匍匐根状茎粗壮，具许多须根；秆高大，圆柱状，基部具3~4个叶鞘，最上面一个叶鞘具叶片；叶片线形；小穗单生或2~3个簇生于辐射枝顶端，卵形或长圆形，顶端急尖或钝圆；小坚果倒卵形或椭圆形。花果期6—9月。

【生态习性】喜欢生长在温暖潮湿的环境中，需阳光。适应性强，耐寒，耐阴，也耐盐碱。在北方大部分地区地下根状茎在水下可自

水 葱

然越冬。

【观赏特征】茎秆高大通直，在水景园中主要做后景材料。

【分布】东湖、西湖。

15. 菖蒲

拉丁名：*Acorus calamus*

【分类】天南星科（Araceae）菖蒲属（*Acorus*）

【形态特征】多年生挺水草本；叶基生，叶片剑状线形，中脉明显突出，基部叶鞘套折，有膜质边缘；肉穗花序斜向上或近直立，花黄绿色；浆果长圆形，红色。花期6—9月。

【生态习性】常生长于水边、沼泽湿地或湖泊浮岛上，10℃以下停止生长。冬季以地下茎潜入泥中越冬。喜冷凉湿润气候，阴湿环境，耐寒，忌干旱。

【观赏特征】叶丛翠绿，端庄秀丽，具有香气，适宜水景岸边及水体绿化，也可盆栽观赏或作布景用。

【分布】小北湖、东湖、西湖。

菖 蒲

16. 凤眼蓝

拉丁名：*Eichhornia crassipes*

【分类】雨久花科（Pontederiaceae）凤眼蓝属（*Eichhornia*）

【形态特征】一年或多年生浮水草本；须根发达，棕黑色；茎极短，匍匐枝淡绿色；叶在基部丛生，莲座状排列；叶片圆形，表面深绿色，叶柄中部膨大成囊状或纺锤形；穗状花序通常具9～12朵花；花瓣紫蓝色；蒴果卵形。花期7—10月，果期8—11月。

【生态习性】喜欢温暖湿润、阳光充足的环境，适应性很强。喜欢生于浅水中，在流速不大的水体中也能够生长，随水漂流，繁殖

凤眼蓝

迅速。

【观赏特征】花瓣中心生有一明显的鲜黄色斑点，形如凤眼，也像孔雀羽翎尾端的花点，非常靓丽。

【分布】东湖、西湖。

17. 梭鱼草

拉丁名　*Pontederia cordata*

【分类】雨久花科（Pontederiaceae）梭鱼草属（*Pontederia*）

【形态特征】多年生挺水或湿生草本植物。地茎叶丛生，圆筒形叶柄呈绿色，叶片较大，深绿色，表面光滑，叶形多变，但多为倒卵状披针形；花葶直立，通常高出叶面，穗状花序顶生，每条穗上密密的簇拥着几十至上百朵蓝紫色圆形小花，上方两花瓣各有两个黄绿色斑点，质地半透明，5—10月开花结果。

【生态习性】喜温、喜阳、喜肥、喜湿、怕风不耐寒，静水及水流缓慢的水域中均可生长，适宜在20cm以下的浅水中生长，越冬温度不宜低于5℃。

【观赏特征】叶色翠绿，花色迷人，花期较长，串串紫花在翠绿叶片的映衬下，别有一番情趣。

【分布】小北湖、东湖、西湖。

梭鱼草

18. 雨久花

拉丁名：*Monochoria korsakowii*

【分类】雨久花科（Pontederiaceae）雨久花属（*Monochoria*）

【形态特征】多年生直立水生草本；茎直立，基部有时带紫红色；基生叶宽卵状心形，全缘，具弧状脉，叶柄长，有时膨大成囊状。茎生叶基部抱茎成宽鞘，叶柄较短；总状花序顶生，花10余朵，蓝色；蒴果长卵圆形。花期7—8月，果期9—10月。

【生态习性】喜光照充足的环境，稍耐荫蔽，不耐寒。多生于沼泽地、水沟及池塘的边缘。

【观赏特征】叶色翠绿、光亮、素雅，花大而美丽。

【分布】东湖。

雨久花

19. 灯芯草

拉丁名：*Juncus effusus*

【分类】灯芯草科（Juncaceae）灯芯草属（*Juncus*）

【形态特征】多年生草本；根状茎粗壮横走，茎直立丛生，淡绿色，具纵条纹，茎内充满白色的髓心；叶为低出叶，叶片鞘状或鳞片状，退化为刺芒状；聚伞花序假侧生，多花，淡绿色；蒴果长圆形或卵形。花期4—7月，果期6—9月。

【生态习性】喜温暖、湿润和阳光充足的环境；耐寒，忌干旱。

【观赏特征】株丛紧密而茎叶纤细，株

灯芯草

黄菖蒲

大花美人蕉

型别致，有细腻的质感，可用于水体与驳岸的绿化。

【分布】小北湖、东湖、西湖。

20. 黄菖蒲

拉丁名：*Iris pseudacorus*

【分类】鸢尾科（Iridaceae）鸢尾属（*Iris*）

【形态特征】多年生挺水草本；根茎短粗；叶子茂密，基生，绿色，长剑形，中肋明显，并具横向网状脉；花茎稍高出于叶，垂瓣上部长椭圆形，基部近等宽，具褐色斑纹或无，旗瓣淡黄色；蒴果长形，内有种子多数。花期5—6月。

【生态习性】喜湿润且排水良好，富含腐殖质的沙壤土或轻黏土，有一定的耐盐碱能力，喜温凉气候，耐寒性强。

【观赏特征】花色黄艳，花姿秀美，观赏价值极高。

【分布】小北湖、东湖、西湖。

21. 大花美人蕉

拉丁名：*Canna x generalis*

【分类】美人蕉科（Cannaceae）美人蕉属（*Canna*）

【形态特征】多年生湿生或陆生草本；块状根茎；叶大，单叶互生，椭圆形，边缘和叶鞘都为紫色；总状花序顶生，花大而密集；萼片与花冠裂片披针形，花冠有红、橘红、淡黄、白色；蒴果，椭圆形。花期6—10月。

【生态习性】喜温暖湿润气候，喜阳光充足，几乎不择土壤；稍耐水湿；不耐寒，怕强风和霜冻。

【观赏特征】叶片翠绿，花大色艳，色彩丰富，观赏期长，株形好，观赏价值很高。

【分布】小北湖、东湖、西湖。

22. 再力花

拉丁名：*Thalia dealbata*

【分类】竹芋科（Marantaceae）水竹芋属（*Thalia*）

【形态特征】多年生挺水草本；叶基生，叶片卵状披针形至长椭圆形，硬纸质，浅灰绿色，边缘紫色，全缘；复穗状花序，小花紫红色，紧密着生于花轴，花柄可高达2m以上，细长的花茎可高达3m，茎端开出紫色花朵，像系在钓竿上的鱼饵，形状非常特殊。蒴果近圆球形或倒卵状球形。花期4—10月。

【生态习性】喜温暖水湿、阳光充足环境，不耐寒冷和干旱，0℃以下地上部分逐渐枯死，以根状茎在泥里越冬。繁殖系数大，生长速度快，水肥吸收能力强，对其它水生植物有强烈郁闭和侵扰作用，极易形成再力花单一优势群落。

【观赏特征】一年有三分之二以上的时间翠绿而充满生机，花期长，花和花茎形态优雅飘逸。

【分布】小北湖、东湖、西湖。

23. 水盾草

拉丁名：*Cabomba caroliniana*

【分类】莼菜科（Cabombaceae）水盾草属（*Cabomba*）

【形态特征】多年生水生草本；茎长可达5m，具分枝；叶二型，沉水叶具叶柄，对生，

再力花

水盾草

扇形，二叉分裂，裂片线形，浮水叶在花枝上互生，叶狭椭圆形，盾状着生；花单生于叶腋，白色或淡紫色，基部黄色；果实革质，不开裂。花期10月，通常开花不结实。

【生态习性】喜温暖及阳光充足的环境，不耐荫，喜微酸性的软水，对土壤要求不高，常分布在溪流、湖泊及沼泽中。

【观赏特征】沉水叶雅致美观，观赏性极佳。

【分布】小北湖。

24. 莼菜

拉丁名：*Brasenia schreberi*

【分类】睡莲科（Nymphaeaceae）莼菜属（*Brasenia*）

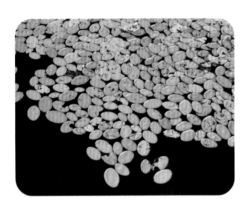

莼 菜

【形态特征】多年生水生草本；根茎小，匍匐，茎细长，多分枝；叶互生，椭圆状矩圆形，无毛，下面蓝绿色，从叶脉处皱缩，全缘；暗紫色小花单生叶腋；坚果矩圆卵形。花期6月，果期10—11月。

【生态习性】喜温暖气候，喜阳光充足，在水质清洁、水深20～60cm环境中生长良好，水质污浊则根株易枯死。

【观赏特征】叶形美丽，常用于水面绿化。

【分布】小北湖、东湖、西湖。

25. 莲（荷花）

拉丁名：*Nelumbo nucifera*

【分类】睡莲科（Nymphaeaceae）莲属（*Nelumbo*）

【形态特征】多年生挺水草本；叶圆形，盾状，表面深绿色，被蜡质白粉覆盖，背面灰绿色，全缘稍呈波状；地下茎长而肥厚，有长节；花单生于花梗顶端，花瓣多数，嵌生在花托穴内，有红、粉红、白、紫等色；坚果椭圆形。花期6—9月。

【生态习性】性喜相对稳定的平静浅水，喜光，生育期需要全光照的环境；极不耐荫，在半荫处生长就会表现出强烈的趋光性。

【观赏特征】不仅能在大小湖泊、池塘中吐红摇翠，甚至在很小的盆碗中亦能风姿绰约，装点人间。

【分布】东湖、西湖。

莲

26. 芡实

拉丁名：*Euryale ferox*

【分类】睡莲科（Nymphaeaceae）芡属（*Euryale*）

【形态特征】一年生大型水生草本；沉水叶箭形或椭圆肾形，浮水叶椭圆肾形至圆形，革质，边缘上折，全缘，下面带紫色，有短柔毛，叶脉处、叶柄及花梗有硬刺；花单生于花梗顶，花瓣紫红色，成数轮排列，向内渐变雄蕊；浆果球形，污紫红色，密生硬刺。花期7—8月。

【生态习性】喜欢温暖潮湿的环境，具有良好的耐热性，不耐霜寒和干旱。

【观赏特征】叶大而浮出水面，花果奇特，常与荷花、睡莲、香蒲等配植水景，形成独具一格的观赏效果。

芡实

【分布】东湖、西湖。

睡　莲

27. 睡莲

拉丁名：*Nymphaea tetragona*

【分类】睡莲科（Nymphaeaceae）睡莲属（*Nymphaea*）

【形态特征】多年生浮叶草本；根状茎肥厚；叶二型，浮水叶圆形或卵形，基部具弯缺，心形或箭形，带无出水叶，沉水叶薄膜质，脆弱；花大形、美丽，浮在或高出水面，花瓣白色、蓝色、黄色或粉红色，浆果海绵质，不规则开裂，在水面下成熟。花期5—8月。

【生态习性】喜阳光，对土质要求不严，最适水深25～30cm，最深不得超过80cm。

【观赏特征】花朵硕大，花色多样，凤有"水中皇后"的雅称。

【分布】小北湖、东湖、西湖。

28. 金鱼藻

金鱼藻

拉丁名：*Ceratophyllum demersum*

【分类】金鱼藻科（Ceratophyllaceae）金鱼藻属（*Ceratophyllum*）

【形态特征】多年生沉水草本植物；茎细柔，有分枝；叶轮生，叶片2歧或细裂，裂片线状，具刺状小齿；花小，单性，雌雄同株或异株，无花被；小坚果，卵圆形，光滑；花柱宿存，基部具刺。花期6—7月，果期8—10月。

【生态习性】无根，全株沉于水中，5%～10%的光强下生长迅速，但强烈光照会使金鱼藻死亡。对水温要求较宽，但对结冰较为敏感。金鱼藻是喜氮植物，水中无机氮含量高生长较好。

【观赏特征】多生长于湖泊静水处，体态优美，适合在大水面中栽培。

【分布】小北湖、东湖、西湖。

29. 欧菱（菱）

拉丁名：*Trapa natans*

【分类】菱科（Trapaceae）菱属（*Trapa*）

【形态特征】一年生浮水草本；着生水底泥根细铁丝状，同化根；叶二型，叶互生，聚生于主茎或分枝茎的顶端，叶片菱圆形或三角状菱圆形，沉水叶小，早落；花单生于叶腋两性；果三角状菱形。5—10月开花，7—11月结果。

【生态习性】喜温暖湿润，阳光充足，不耐霜冻。

【观赏特征】叶形奇特秀美，可数株或数十株种植于水体，与其他水生植物配植布置水面景观。

【分布】小北湖、东湖、西湖。

30. 狐尾藻

拉丁名：*Myriophyllum verticillatum*

【分类】小二仙草科（Haloragaceae）狐尾藻属（*Myriophyllum*）

【形态特征】多年生沉水草本植物；根状茎发达，在水底泥中蔓延，节部生根；茎圆柱形，多分枝；水上叶互生，披针形，鲜绿色，裂片较宽，秋季于叶腋中生出棍棒状冬芽而越冬；花单性，雌雄同株或杂性，单生于水上叶腋内，花无柄，比叶片短，雌花生于水上茎下部叶腋中，淡黄色，开花后伸出花冠外。果实广卵形。

【生态习性】喜温暖、阳光充足的气候环境，不耐寒，入冬后地上部分逐渐枯死，以根茎在泥中越冬。

【观赏特征】夏季生长旺盛，作沉水景观观赏效果很好。

【分布】小北湖、东湖、西湖。

欧　菱

狐尾藻

31. 穗状狐尾藻

拉丁名：*Myriophyllum spicatum*

【分类】小二仙草科（Haloragidaceae）狐尾藻属（*Myriophyllum*）

【形态特征】多年生沉水草本植物；根状茎发达，多分枝，节部生根；叶丝状全细裂，叶柄极短或不存在；穗状花序顶生或腋生，粉红色，无花梗；果卵球形。花从春到秋陆续开放，4—9月陆续结果。

穗状狐尾藻

【生态习性】喜温暖，在10～28℃的温度范围内生长较好，越冬温度不宜低于4℃。

【观赏特征】较强的水体修复潜力和观赏价值，常与狐尾藻混在一起，用于水体绿化、湿地绿化。

【分布】小北湖、东湖、西湖。

32. 水芹

拉丁名：*Oenanthe javanica*

【分类】伞形科（Umbelliferae）水芹属（*Oenanthe*）

【形态特征】多年生湿生草本；茎基部匍匐；叶片轮廓三角形，1～3回羽裂，末回裂片卵形至菱状披针形，边缘有牙齿或圆齿状锯齿；复伞形花序顶生，花瓣白色；果实近于四角状椭圆形或筒状长圆形。花期6—7月，果期8—9月。

【生态习性】性喜凉爽，忌炎热干旱，能耐−10℃低温；长日照有利匍匐茎生长和开花结实，短日照有利根出叶生长。

【观赏特征】以观叶、观花为主。

【分布】小北湖。

水芹

33. 荇菜

拉丁名：*Nymphoides peltatum*

【分类】睡菜科（Menyanthaceae）荇菜属（*Nymphoides*）

【形态特征】多年生浮水草本；茎圆柱形，多分枝；上部叶对生，下部叶互生，叶片飘浮，近革质，圆形或卵圆形，下面紫褐色；花常多数，簇生节上，花冠金黄色；蒴果无柄，椭圆形，宿存花柱，成熟时不开裂。一般于3—5月返青，5—10月开花并结果，9—10月果实成熟。

【生态习性】生于池沼、湖泊、河流或河口的平稳水域。至降霜，水上部分即枯死，再生能力相当强。

【观赏特征】叶片形睡莲，小巧别致，鲜黄色花朵挺出水面，花多且花期长，是点缀水景的佳品。

【分布】东湖、西湖。

荇　菜

34. 风车草

拉丁名：*Cyperus involucratus*

【分类】莎草科（Cyperaceae）莎草属（*Cyperus*）

【形态特征】多年生草本；秆粗壮；叶退化成鞘着生于基部，棕色；叶状苞片20枚，几等长，向四周平展；聚伞花序，有多数辐射枝，花淡紫色；小坚果椭圆形，近三棱形，褐色。花果期8—11月。

【生态习性】喜温暖湿润和腐殖质丰富的黏性土壤，耐阴、不耐寒。

【观赏特征】苞片扩散如伞形，奇特美观，具有较强观赏性。

【分布】小北湖、东湖、西湖。

风车草

附表一 九里湖国家湿地公园植物名录

序号	科	属	种	拉丁文
1	苹科	苹属	田字萍	*Marsilea quadrifolia*
2	满江红科	满江红属	满江红	*Azolla pinnata subsp. asiatica*
3	木贼科	木贼属	节节草	*Equisetum ramosissimum*
4	木贼科	木贼属	木贼	*Equisetum hyemale*
5	银杏科	银杏属	银杏	*Ginkgo biloba*
6	松科	松属	白皮松	*Pinus bungeana*
7	松科	松属	湿地松	*Pinus elliottii*
8	松科	松属	黑松	*Pinusthunbergii*
9	松科	松属	日本五针松	*Pinus parviflora*
10	松科	雪松属	雪松	*Cedrus deodara*
11	杉科	落羽杉属	池杉	*Taxodium distichum var. imbricatum*
12	杉科	落羽杉属	落羽杉	*Taxodium distichum*
13	杉科	水杉属	水杉	*Metasequoia glyptostroboides*
14	柏科	侧柏属	侧柏	*Platycladus orientalis*
15	柏科	刺柏属	刺柏	*Juniperus formosana*
16	柏科	刺柏属	龙柏	*Juniperus chinensis* ‘Kaizuca’
17	柏科	圆柏属	圆柏	*Sabina chinensis*
18	柏科	圆柏属	铺地柏	*Sabina procumbens*
19	香蒲科	香蒲属	水烛	*Typha angustifolia*
20	香蒲科	香蒲属	香蒲	*Typha orientalis*
21	眼子菜科	眼子菜属	眼子菜	*Potamogeton distinctus*

（续表）

序号	科	属	种	拉丁文
22	眼子菜科	眼子菜属	菹草	*Potamogeton crispus*
23	泽泻科	慈姑属	华夏慈姑	*Sagittaria trifolia subsp. leucopetala*
24	泽泻科	泽泻属	泽泻	*Alismaplantago − aquatica*
25	水鳖科	黑藻属	黑藻	*Hydrilla verticillata*
26	水鳖科	水鳖属	水鳖	*Hydrocharis dubia*
27	禾本科	白茅属	白茅	*Imperata cylindrica*
28	禾本科	针茅属	细茎针茅	*Stipa tenuissima*
29	禾本科	稗属	稗	*Echinochloa crus − galli*
30	禾本科	稗属	光头稗	*Echinochloa colona*
31	禾本科	地毯草属	地毯草	*Axonopus compressus*
32	禾本科	鹅观草属	柯孟披碱草（鹅观草）	*Roegneria kamoji*
33	禾本科	刚竹属	淡竹	*Phyllostachys glauca*
34	禾本科	刚竹属	刚竹	*Phyllostachys sulphurea var. viridis*
35	禾本科	刚竹属	早园竹	*Phyllostachys propinqua*
36	禾本科	高粱属	假高粱	*Pseudosorghum fasciculare*
37	禾本科	狗尾草属	金色狗尾草	*Setaria pumila*
38	禾本科	狗尾草属	狗尾草	*Setaria viridis*
39	禾本科	狗牙根属	狗牙根	*Cynodon dactylon*
40	禾本科	黑麦草属	黑麦草	*Lolium perenne*
41	禾本科	菅属	阿拉伯黄背草	*Themeda triandra*
42	禾本科	结缕草属	结缕草	*Zoysia japonica*
43	禾本科	结缕草属	中华结缕草	*Zoysia sinica*
44	禾本科	结缕草属	沟叶结缕草	*Zoysia matrella*
45	禾本科	荩草属	荩草	*Arthraxon hispidus*
46	禾本科	看麦娘属	看麦娘	*Alopecurus aequalis*
47	禾本科	狼尾草属	狼尾草	*Pennisetum alopecuroides*
48	禾本科	狼尾草属	小兔子狼尾草	*Pennisetum alopecuroides 'Little Bunny'*
49	禾本科	芦苇属	芦苇	*Phragmites australis*
50	禾本科	芦竹属	芦竹	*Arundo donax*

（续表）

序号	科	属	种	拉丁文
51	禾本科	芦竹属	花叶芦竹	*Arundo donax var. versicolor*
52	禾本科	马唐属	马唐	*Digitaria sanguinalis*
53	禾本科	芒属	斑叶芒	*Miscanthus sinensis* 'Zebrinus'
54	禾本科	芒属	芒	*Miscanthus sinensis*
55	禾本科	芒属	细叶芒	*Miscanthus sinensis* 'Gracillimus'
56	禾本科	蒲苇属	矮蒲苇	*Cortaderia selloana* 'Pumila'
57	禾本科	蒲苇属	花叶蒲苇	*Cortaderia selloana* 'Silver Comet'
58	禾本科	蒲苇属	蒲苇	*Cortaderia selloana*
59	禾本科	千金子属	千金子	*Leptochloa chinensis*
60	禾本科	求米草属	求米草	*Oplismenus undulatifolius*
61	禾本科	雀稗属	雀稗	*Paspalum thunbergii*
62	禾本科	雀稗属	双穗雀稗	*Paspalum distichum*
63	禾本科	雀麦属	雀麦	*Bromus japonicus*
64	禾本科	箬竹属	箬竹	*Indocalamus tessellatus*
65	禾本科	穇属	牛筋草	*Eleusine indica*
66	禾本科	燕麦属	野燕麦	*Avena fatua*
67	禾本科	羊茅属	高羊茅	*Festuca elata*
68	禾本科	薏苡属	薏苡	*Coix lacryma − jobi*
69	禾本科	早熟禾属	早熟禾	*Poa annua*
70	禾本科	乱子草属	粉黛乱子草	*Muhlenbergia capillaris*
71	禾本科	赖草属	蓝滨麦	*Leymus condensatus*
72	禾本科	画眉草属	细叶画眉草	*Eragrostis nutans*
73	禾本科	须芒草属	须芒草	*Andropogon virginicus*
74	禾本科	小盼草属	小盼草	*Chasmanthium latifolium*
75	莎草科	藨草属	水葱	*Scirpus validus var. laeviglumis*
76	莎草科	莎草属	风车草	*Cyperus involucratus*
77	莎草科	莎草属	碎米莎草	*Cyperus iria*
78	莎草科	莎草属	香附子	*Cyperus rotundus*
79	莎草科	薹草属	白颖薹草（细叶苔草）	*Carex duriuscula subsp. rigescens*

（续表）

序号	科	属	种	拉丁文
80	棕榈科	棕榈属	棕榈	*Trachycarpus fortunei*
81	天南星科	半夏属	半夏	*Pinellia ternata*
82	天南星科	菖蒲属	菖蒲	*Acorus calamus*
83	天南星科	菖蒲属	金钱蒲	*Acorus tatarinowii*
84	天南星科	天南星属	天南星	*Arisaema heterophyllum*
85	浮萍科	浮萍属	浮萍	*Lemna minor*
86	鸭跖草科	鸭跖草属	饭包草	*Commelina benghalensis*
87	鸭跖草科	鸭跖草属	鸭跖草	*Commelina communis*
88	雨久花科	凤眼蓝属	凤眼蓝	*Eichhornia crassipes*
89	雨久花科	梭鱼草属	梭鱼草	*Pontederia cordata*
90	雨久花科	雨久花属	雨久花	*Monochoria korsakowii*
91	灯心草科	灯心草属	灯心草	*Juncus effusus*
92	灯心草科	灯心草属	细灯心草	*Juncus gracillimus*
93	百合科	菝葜属	菝葜	*Smilax china*
94	百合科	丝兰属	凤尾丝兰	*Yucca gloriosa*
95	百合科	葱属	薤白	*Allium macrostemon*
96	百合科	吉祥草属	吉祥草	*Reineckea carnea*
97	百合科	山麦冬属	金边阔叶山麦冬	*Liriope muscari* ‘*Variegata*’
98	百合科	山麦冬属	阔叶山麦冬	*Liriope muscari*
99	百合科	万年青属	万年青	*Rohdea japonica*
100	百合科	萱草属	黄花菜	*Hemerocallis citrina*
101	百合科	萱草属	萱草	*Hemerocallis fulva*
102	百合科	沿阶草属	麦冬	*Ophiopogon japonicus*
103	百合科	沿阶草属	沿阶草	*Ophiopogon bodinieri*
104	石蒜科	葱莲属	葱莲	*Zephyranthes candida*
105	鸢尾科	鸢尾属	黄菖蒲	*Iris pseudacorus*
106	鸢尾科	鸢尾属	鸢尾	*Iris tectorum*
107	美人蕉科	美人蕉属	大花美人蕉	*Canna xgeneralis*
108	竹芋科	水竹芋属	再力花	*Thalia dealbata*
109	杨柳科	柳属	垂柳	*Salix babylonica*

（续表）

序号	科	属	种	拉丁文
110	杨柳科	柳属	旱柳	*Salix matsudana*
111	杨柳科	柳属	杞柳	*Salix integra*
112	杨柳科	柳属	竹柳	*Salix americana*
113	杨柳科	柳属	彩叶杞柳	*Salix integra* 'Hakuro Nishiki'
114	杨柳科	杨属	毛白杨	*Populus tomentosa*
115	杨柳科	杨属	小叶杨	*Populus simonii*
116	胡桃科	枫杨属	枫杨	*Pterocarya stenoptera*
117	胡桃科	胡桃属	胡桃	*Juglans regia*
118	榆科	榉属	榉树	*Zelkova serrata*
119	榆科	朴属	朴树	*Celtis sinensis*
120	榆科	榆属	春榆	*Ulmus davidiana* var. *japonica*
121	榆科	榆属	金叶榆	*Ulmus pumila* 'jinye'
122	榆科	榆属	榔榆	*Ulmus parvifolia*
123	榆科	榆属	榆树	*Ulmus pumila*
124	大麻科	葎草属	葎草	*Humulus scandens*
125	桑科	构属	构树	*Broussonetia papyrifera*
126	桑科	桑属	桑	*Morus alba*
127	荨麻科	冷水花属	冷水花	*Pilea notata*
128	荨麻科	苎麻属	苎麻	*Boehmeria nivea*
129	蓼科	蓼属	萹蓄	*Polygonum aviculare*
130	蓼科	蓼属	杠板归	*Polygonum perfoliatum*
131	蓼科	蓼属	水蓼	*Polygonum hydropiper*
132	蓼科	蓼属	长鬃蓼	*Polygonum longisetum*
133	蓼科	蓼属	酸模叶蓼	*Polygonum lapathifolium*
134	蓼科	酸模属	酸模	*Rumex acetosa*
135	藜科	地肤属	地肤	*Kochia scoparia*
136	藜科	藜属	灰绿藜	*Chenopodium glaucum*
137	藜科	藜属	小藜	*Chenopodium ficifolium*
138	藜科	藜属	藜（灰灰菜）	*Chenopodium album*
139	苋科	莲子草属	喜旱莲子草	*Alternanthera philoxeroides*

（续表）

序号	科	属	种	拉丁文
140	苋科	牛膝属	牛膝	*Achyranthes bidentata*
141	苋科	千日红属	千日红	*Gomphrena globosa*
142	苋科	青葙属	青葙	*Celosia argentea*
143	苋科	苋属	凹头苋	*Amaranthus blitum*
144	苋科	苋属	刺苋	*Amaranthus spinosus*
145	苋科	苋属	皱果苋（野苋菜）	*Amaranthus viridis*
146	商陆科	商陆属	垂序商陆（美洲商陆）	*Phytolacca americana*
147	马齿苋科	马齿苋属	马齿苋	*Portulaca oleracea*
148	石竹科	鹅肠菜属	鹅肠菜（牛繁缕）	*Myosoton aquaticum*
149	石竹科	繁缕属	繁缕	*Stellaria media*
150	石竹科	卷耳属	球序卷耳	*Cerastium glomeratum*
151	莼菜科	水盾草属	竹节水松（水盾草）	*Cabomba caroliniana*
152	睡莲科	莼菜属	莼菜	*Brasenia schreberi*
153	睡莲科	莲属	莲（荷花）	*Nelumbo nucifera*
154	睡莲科	芡属	芡实	*Euryale ferox*
155	睡莲科	睡莲属	睡莲	*Nymphaea tetragona*
156	金鱼藻科	金鱼藻属	金鱼藻	*Ceratophyllum demersum*
157	毛茛科	毛茛属	毛茛	*Ranunculus japonicus*
158	毛茛科	毛茛属	石龙芮	*Ranunculus sceleratus*
159	毛茛科	铁线莲属	女萎	*Clematis apiifolia*
160	小檗科	南天竹属	南天竹	*Nandina domestica*
161	小檗科	小檗属	紫叶小檗	*Berberis thunbergii* 'Atropurpurea'
162	防己科	木防己属	木防己	*Cocculus orbiculatus*
163	木兰科	木兰属	荷花玉兰	*Magnolia grandiflora*
164	木兰科	鹅掌楸属	鹅掌楸（马褂木）	*Liriodendron chinense*
165	樟科	樟属	樟（香樟）	*Cinnamomum camphora*
166	罂粟科	紫堇属	紫堇	*Corydalis edulis*
167	十字花科	播娘蒿属	播娘蒿	*Descurainia sophia*
168	十字花科	臭荠属	臭独行菜（臭荠）	*Coronopus didymus*

（续表）

序号	科	属	种	拉丁文
169	十字花科	独行菜属	独行菜	*Lepidium apetalum*
170	十字花科	蔊菜属	沼生蔊菜	*Rorippa palustris*
171	十字花科	荠属	荠（荠菜）	*Capsella bursa – pastoris*
172	十字花科	碎米荠属	弹裂碎米荠	*Cardamine impatiens*
173	十字花科	碎米荠属	碎米荠	*Cardamine hirsuta*
174	十字花科	葶苈属	葶苈	*Draba nemorosa*
175	十字花科	菥蓂属	菥蓂	*Thlaspi arvense*
176	十字花科	芸薹属	芥菜（野油菜）	*Brassica juncea*
177	十字花科	诸葛菜属	诸葛菜	*Orychophragmus violaceus*
178	景天科	景天属	费菜（景天三七）	*Sedum aizoon*
179	虎耳草科	扯根菜属	扯根菜	*Penthorum chinense*
180	海桐花科	海桐花属	海桐	*Pittosporum tobira*
181	金缕梅科	枫香树属	枫香树	*Liquidambar formosana*
182	金缕梅科	檵木属	红花檵木	*Loropetalum chinense var. rubrum*
183	杜仲科	杜仲属	杜仲	*Eucommia ulmoides*
184	悬铃木科	悬铃木属	三球悬铃木	*Platanus orientalis*
185	蔷薇科	地榆属	地榆	*Sanguisorba officinalis*
186	蔷薇科	棣棠花属	棣棠花	*Kerria japonica*
187	蔷薇科	火棘属	火棘	*Pyracantha fortuneana*
188	蔷薇科	梨属	梨	*Pyrus spp*
189	蔷薇科	李属	紫叶李	*Prunus cerasifera f. atropurpurea*
190	蔷薇科	李属	梅	*Prunus mume*
191	蔷薇科	李属	杏	*Prunus armeniaca*
192	蔷薇科	李属	碧桃	*Prunus persica* 'Duplex'
193	蔷薇科	李属	桃	*Prunus persica*
194	蔷薇科	李属	日本晚樱	*Prunus serrulata var. lannesiana*
195	蔷薇科	李属	樱花	*Prunus ×yedoensis*
196	蔷薇科	李属	樱桃	*Prunus pseudocerasus*
197	蔷薇科	木瓜属	木瓜	*Chaenomeles sinensis*
198	蔷薇科	木瓜属	贴梗海棠	*Chaenomeles speciosa*

（续表）

序号	科	属	种	拉丁文
199	蔷薇科	枇杷属	枇杷	*Eriobotrya japonica*
200	蔷薇科	苹果属	垂丝海棠	*Malus halliana*
201	蔷薇科	苹果属	海棠花	*Malus spectabilis*
202	蔷薇科	苹果属	西府海棠	*Malus ×micromalus*
203	蔷薇科	苹果属	苹果	*Malus pulima*
204	蔷薇科	蔷薇属	小果蔷薇	*Rosa cymosa*
205	蔷薇科	蔷薇属	野蔷薇	*Rosa multiflora*
206	蔷薇科	蔷薇属	月季花	*Rosa chinensis*
207	蔷薇科	山楂属	山楂	*Crataegus pinnatifida*
208	蔷薇科	蛇莓属	蛇莓	*Duchesnea indica*
209	蔷薇科	石楠属	椤木石楠	*Photinia bodinieri*
210	蔷薇科	石楠属	石楠	*Photinia serrulata*
211	蔷薇科	石楠属	红叶石楠	*Photinia ×fraseri*
212	蔷薇科	委陵菜属	朝天委陵菜	*Potentilla supina*
213	蔷薇科	委陵菜属	翻白草	*Potentilla discolor*
214	蔷薇科	绣线菊属	粉花绣线菊	*Spiraea japonica*
215	蔷薇科	绣线菊属	绣线菊	*Spiraea salicifolia*
216	蔷薇科	绣线菊属	中华绣线菊	*Spiraea chinensis*
217	蔷薇科	悬钩子属	茅莓	*Rubus parvifolius*
218	豆科	车轴草属	白车轴草	*Trifolium repens*
219	豆科	车轴草属	杂种车轴草	*Trifolium hybridum*
220	豆科	刺槐属	刺槐	*Robinia pseudoacacia*
221	豆科	大豆属	野大豆	*Glycine soja*
222	豆科	甘草属	刺果甘草	*Glycyrrhiza pallidiflora*
223	豆科	合欢属	合欢	*Albizia julibrissin*
224	豆科	胡枝子属	胡枝子	*Lespedeza bicolor*
225	豆科	槐属	金枝国槐（黄金槐）	*Styphnolobium japonicum* 'Golden Stem'
226	豆科	槐属	槐	*Styphnolobium japonicum*
227	豆科	槐属	龙爪槐	*Styphnolobium japonicum* 'Pendula'
228	豆科	黄耆属	紫云英	*Astragalus sinicus*

（续表）

序号	科	属	种	拉丁文
229	豆科	黄檀属	黄檀	*Dalbergia hupeana*
230	豆科	鸡眼草属	鸡眼草	*Kummerowia striata*
231	豆科	豇豆属	赤豆	*Vigna angularis*
232	豆科	豇豆属	贼小豆	*Vigna minima*
233	豆科	锦鸡儿属	红花锦鸡儿	*Caragana rosea*
234	豆科	决明属	决明	*Senna tora*
235	豆科	苜蓿属	南苜蓿	*Medicago polymorpha*
236	豆科	苜蓿属	紫苜蓿	*Medicago sativa*
237	豆科	田菁属	田菁	*Sesbania cannabina*
238	豆科	野豌豆属	广布野豌豆	*Vicia cracca*
239	豆科	野豌豆属	救荒野豌豆	*Vicia sativa*
240	豆科	野豌豆属	四籽野豌豆	*Vicia tetrasperma*
241	豆科	野豌豆属	小巢菜	*Vicia hirsuta*
242	豆科	紫荆属	紫荆	*Cercis chinensis*
243	豆科	紫穗槐属	紫穗槐	*Amorpha fruticosa*
244	豆科	紫藤属	紫藤	*Wisteria sinensis*
245	酢浆草科	酢浆草属	红花酢浆草	*Oxalis corymbosa*
246	酢浆草科	酢浆草属	关节酢浆草	*Oxalis articulata*
247	酢浆草科	酢浆草属	酢浆草	*Oxalis Corniculata*
248	酢浆草科	酢浆草属	紫叶酢浆草	*Oxalis triangularis* 'Urpurea'
249	牻牛儿苗科	老鹳草属	野老鹳草	*Geranium carolinianum*
250	蒺藜科	蒺藜属	蒺藜	*Tribulus terrester*
251	芸香科	花椒属	花椒	*Zanthoxylum bungeanum*
252	楝科	楝属	楝	*Melia azedarach*
253	苦木科	臭椿属	臭椿	*Ailanthu saltissima*
254	大戟科	大戟属	斑地锦	*Euphorbia maculata*
255	大戟科	大戟属	乳浆大戟	*Euphorbia esula*
256	大戟科	大戟属	泽漆	*Euphorbia helioscopia*
257	大戟科	大戟属	匍匐大戟	*Euphorbia prostrata*
258	大戟科	秋枫属	重阳木	*Bischofia polycarpa*

（续表）

序号	科	属	种	拉丁文
259	大戟科	铁苋菜属	铁苋菜	*Acalypha australis*
260	大戟科	乌桕属	乌桕	*Sapium sebiferum*
261	大戟科	叶下珠属	蜜甘草	*Phyllanthus ussuriensis*
262	黄杨科	黄杨属	大叶黄杨	*Buxus megistophylla*
263	黄杨科	黄杨属	小叶黄杨	*Buxus sinica var. parvifolia*
264	漆树科	黄连木属	黄连木	*Pistacia chinensis*
265	漆树科	黄栌属	黄栌	*Cotinus coggygria*
266	漆树科	盐麸木属	火炬树	*Rhus typhina*
267	冬青科	冬青属	枸骨	*Ilex cornuta*
268	冬青科	冬青属	冬青	*Ilex chinensis*
269	冬青科	冬青属	无刺枸骨	*Ilex cornuta* 'National'
270	卫矛科	卫矛属	金边黄杨	*Euonymus japonicus* 'Aurea - marginatus'
271	卫矛科	卫矛属	卫矛	*Euonymus alatus*
272	卫矛科	卫矛属	冬青卫矛	*Euonymus japonicus*
273	卫矛科	卫矛属	白杜（丝棉木）	*Euonymus maackii*
274	槭树科	槭属	红枫	*Acer palmatum* 'Atropurpureum'
275	槭树科	槭属	鸡爪槭	*Acer palmatum*
276	槭树科	槭属	三角槭	*Acer buergerianum*
277	槭树科	槭属	元宝槭	*Acer truncatum*
278	无患子科	无患子属	无患子	*Sapindus saponaria*
279	无患子科	栾树属	栾树	*Koelreuteria paniculata*
280	无患子科	栾树属	黄山栾树	*Koelreuteria bipinnata* 'integrifoliola'
281	凤仙花科	凤仙花属	凤仙花	*Impatiens balsamina*
282	鼠李科	枣属	枣	*Ziziphus jujuba*
283	葡萄科	地锦属	地锦	*Parthenocissus tricuspidata*
284	葡萄科	葡萄属	葡萄	*Vitis vinifera*
285	葡萄科	蛇葡萄属	蛇葡萄	*Ampelopsis glandulosa*
286	葡萄科	乌蔹莓属	乌蔹莓	*Cayratia japonica*
287	锦葵科	木槿属	木芙蓉	*Hibiscus mutabilis*
288	锦葵科	木槿属	木槿	*Hibiscus syriacus*

（续表）

序号	科	属	种	拉丁文
289	锦葵科	蜀葵属	蜀葵	*Alcea rosea*
290	锦葵科	苘麻属	苘麻	*Abutilon theophrasti*
291	梧桐科	梧桐属	梧桐	*Firmiana simplex*
292	柽柳科	柽柳属	柽柳	*Tamarix chinensis*
293	堇菜科	堇菜属	如意草（堇菜）	*Viola arcuata*
294	堇菜科	堇菜属	紫花堇菜	*Viola grypoceras*
295	千屈菜科	紫薇属	紫薇	*Lagerstroemia indica*
296	千屈菜科	千屈菜属	千屈菜	*Lythrum salicaria*
297	石榴科	石榴属	石榴	*Punica granatum*
298	菱科	菱属	欧菱（菱）	*Trapa natans*
299	柳叶菜科	山桃草属	山桃草	*Gaura lindheimeri*
300	柳叶菜科	山桃草属	小花山桃草	*Gaura parviflora*
301	柳叶菜科	月见草属	美丽月见草	*Oenothera speciosa*
302	柳叶菜科	月见草属	月见草	*Oenothera erythrosepala*
303	小二仙草科	狐尾藻属	狐尾藻	*Myriophyllum verticillatum*
304	小二仙草科	狐尾藻属	穗状狐尾藻	*Myriophyllum spicatum*
305	五加科	常春藤属	常春藤	*Hedera nepalensis var. sinensis*
306	五加科	八角金盘属	八角金盘	*Fatsia japonica*
307	伞形科	窃衣属	小窃衣（破子草）	*Torilis japonica*
308	伞形科	蛇床属	蛇床	*Cnidium monnieri*
309	伞形科	水芹属	水芹	*Oenanthe javanica*
310	伞形科	天胡荽属	天胡荽	*Hydrocotyle sibthorpioides*
311	伞形科	胡萝卜属	野胡萝卜	*Daucus carota*
312	山茱萸科	桃叶珊瑚属	花叶青木	*Aucuba japonica var. variegata*
313	报春花科	点地梅属	点地梅	*Androsace umbellata*
314	柿科	柿属	柿	*Diospyros kaki*
315	木樨科	梣属	白蜡树	*Fraxinus chinensis*
316	木樨科	连翘属	连翘	*Forsythia suspensa*
317	木樨科	连翘属	金钟花	*Forsythia viridissima*
318	木樨科	女贞属	金森女贞	*Ligustrum japonicum var. Howardii*

（续表）

序号	科	属	种	拉丁文
319	木樨科	女贞属	金叶女贞	*Ligustrum ×vicaryi*
320	木樨科	女贞属	女贞	*Ligustrum lucidum*
321	木樨科	女贞属	小叶女贞	*Ligustrum quihoui*
322	木樨科	女贞属	银姬小蜡	*Ligustrum sinense var. variegatum*
323	木樨科	木犀属	木樨（桂花）	*Osmanthus fragrans*
324	木樨科	丁香属	紫丁香	*Syringa oblata*
325	木樨科	素馨属	迎春花	*Jasminum nudiflorum*
326	木樨科	素馨属	野迎春 （云南黄素馨）	*Jasminum mesnyi*
327	睡菜科	荇菜属	荇菜	*Nymphoides peltatum*
328	夹竹桃科	夹竹桃属	夹竹桃	*Nerium oleander*
329	夹竹桃科	罗布麻属	罗布麻	*Apocynum venetum*
330	夹竹桃科	络石属	花叶络石	*Trachelospermum jasminoides* 'Flame'
331	夹竹桃科	络石属	络石	*Trachelospermum jasminoides*
332	萝藦科	鹅绒藤属	鹅绒藤	*Cynanchum chinense*
333	萝藦科	萝藦属	萝藦	*Metaplexis japonica*
334	旋花科	打碗花属	打碗花	*Calystegia hederacea*
335	旋花科	打碗花属	旋花	*Calystegia sepium*
336	旋花科	马蹄金属	马蹄金	*Dichondra micrantha*
337	旋花科	牵牛属	牵牛	*Pharbitis nil*
338	旋花科	牵牛属	圆叶牵牛	*Pharbitis purpurea*
339	旋花科	旋花属	田旋花	*Convolvulus arvensis*
340	紫草科	斑种草属	柔弱斑种草	*Bothriospermum zeylanicum*
341	紫草科	附地菜属	附地菜	*Trigonotis peduncularis*
342	马鞭草科	牡荆属	牡荆	*Vitex negundo var. cannabifolia*
343	马鞭草科	马鞭草属	马鞭草	*Verbena officinalis*
344	马鞭草科	马鞭草属	柳叶马鞭草	*Verbena bonariensis*
345	唇形科	鼠尾草属	荔枝草	*Salvia plebeia*
346	唇形科	鼠尾草属	一串红	*Salvia splendens*
347	唇形科	筋骨草属	多花筋骨草	*Ajuga multiflora*

（续表）

序号	科	属	种	拉丁文
348	唇形科	薄荷属	薄荷	*Mentha canadensis*
349	唇形科	地笋属	硬毛地笋	*Lycopus lucidus var. hirtus*
350	唇形科	活血丹属	活血丹	*Glechoma longituba*
351	唇形科	水棘针属	水棘针	*Amethystea caerulea*
352	唇形科	夏枯草属	夏枯草	*Prunella vulgaris*
353	唇形科	鼠尾草属	丹参	*Salvia miltiorrhiza*
354	唇形科	野芝麻属	野芝麻	*Lamium barbatum*
355	唇形科	益母草属	益母草	*Leonurus japonicus*
356	唇形科	紫苏属	紫苏	*Perilla frutescens*
357	唇形科	香科科属	水果蓝	*Teucrium fruticans*
358	茄科	枸杞属	枸杞	*Lycium chinense*
359	茄科	茄属	龙葵	*Solanum nigrum*
360	茄科	茄属	白英	*Solanum lyratum*
361	茄科	酸浆属	酸浆	*Physalis alkekengi*
362	玄参科	地黄属	地黄	*Rehmannia glutinosa*
363	玄参科	泡桐属	毛泡桐	*Paulownia tomentosa*
364	玄参科	婆婆纳属	阿拉伯婆婆纳	*Veronica persica*
365	玄参科	婆婆纳属	婆婆纳	*Veronica polita*
366	玄参科	婆婆纳属	蚊母草	*Veronica peregrina*
367	玄参科	婆婆纳属	直立婆婆纳	*Veronica arvensis*
368	玄参科	通泉草属	通泉草	*Mazus pumilus*
369	玄参科	通泉草属	弹刀子菜	*Mazus stachydifolius*
370	紫葳科	梓属	楸	*Catalpa bungei*
371	爵床科	爵床属	爵床	*Rostellularia procumbens*
372	车前科	车前属	车前	*Plantago asiatica*
373	车前科	车前属	北美车前	*Plantago virginica*
374	茜草科	鸡矢藤属	鸡矢藤	*Paederia foetida*
375	茜草科	拉拉藤属	猪殃殃	*Galium spurium*
376	茜草科	茜草属	茜草	*Rubia cordifolia*
377	茜草科	栀子属	栀子	*Gardenia jasminoides*

（续表）

序号	科	属	种	拉丁文
378	忍冬科	锦带花属	锦带花	*Weigel aflorida*
379	忍冬科	锦带花属	红王子锦带花	*Weigel aflorida* 'Red Prince'
380	忍冬科	忍冬属	忍冬（金银花）	*Lonicera japonica*
381	忍冬科	六道木属	六道木	*Abelia biflora*
382	忍冬科	荚蒾属	日本珊瑚树	*Viburnum odoratissimum var. awabuki*
383	忍冬科	接骨木属	接骨木	*Sambucus williamsii*
384	葫芦科	盒子草属	盒子草	*Actinostemma tenerum*
385	葫芦科	黄瓜属	菜瓜	*Cucumis melo var. agrestis*
386	葫芦科	绞股蓝属	绞股蓝	*Gynostemma pentaphyllum*
387	葫芦科	马㼎儿属	马㼎儿	*Zehneria japonica*
388	菊科	蒿属	艾	*Artemisia argyi*
389	菊科	蒿属	黄花蒿	*Artemisia annua*
390	菊科	蒿属	中亚苦蒿	*Artemisia absinihium*
391	菊科	蒿属	蒌蒿	*Artemisia selengensis*
392	菊科	蒿属	青蒿	*Artemisia carvifolia*
393	菊科	蒿属	野艾蒿	*Artemisia lavandulifolia*
394	菊科	蒿属	猪毛蒿	*Artemisia scoparia*
395	菊科	金鸡菊属	剑叶金鸡菊	*Coreopsis lanceolata*
396	菊科	金鸡菊属	金鸡菊	*Coreopsis basalis*
397	菊科	秋英属	秋英（波斯菊）	*Cosmos bipinnatus*
398	菊科	鬼针草属	大狼杷草	*Bidens frondosa*
399	菊科	鬼针草属	鬼针草	*Bidens pilosa*
400	菊科	向日葵属	菊芋	*Helianthus tuberosus*
401	菊科	向日葵属	向日葵	*Helianthus annuus*
402	菊科	白酒草属	小蓬草（小飞蓬）	*Conyza canadensis*
403	菊科	苍耳属	苍耳	*Xanthium strumarium*
404	菊科	黄鹌菜属	黄鹌菜	*Youngia japonica*
405	菊科	蓟属	蓟	*Cirsium japonicum*
406	菊科	蓟属	刺儿菜（小蓟）	*Cirsium arvense var. integrifolium*
407	菊科	飞蓬属	一年蓬	*Erigeron annuus*

序号	科	属	种	拉丁文
408	菊科	飞蓬属	春飞蓬（春一年蓬）	*Erigeron philadelphicus*
409	菊科	飞蓬属	苏门白酒草	*Erigeron sumatrensis*
410	菊科	假还阳参属	假还阳参	*Crepidiastrum lanceolatum*
411	菊科	假还阳参属	尖裂假还阳参（抱茎苦荬菜）	*Crepidiastrum sonchifolium*
412	菊科	碱菀属	碱菀	*Tripolium pannonicum*
413	菊科	菊属	菊花	*Dendranthema morifolium*
414	菊科	菊属	野菊	*Dendranthema indicum*
415	菊科	苦苣菜属	花叶滇苦菜	*Sonchus asper*
416	菊科	苦苣菜属	苣荬菜	*Sonchus wightianus*
417	菊科	苦苣菜属	苦苣菜	*Sonchus oleraceus*
418	菊科	苦苣菜属	长裂苦苣菜	*Sonchus brachyotus*
419	菊科	苦荬菜属	剪刀股	*Ixeris japonica*
420	菊科	苦荬菜属	苦荬菜	*Ixeris polycephala*
421	菊科	鳢肠属	鳢肠	*Eclipta prostrata*
422	菊科	马兰属	马兰	*Kalimeris indica*
423	菊科	泥胡菜属	泥胡菜	*Hemisteptia lyrata*
424	菊科	蒲公英属	蒲公英	*Taraxacum mongolicum*
425	菊科	蒲公英属	华蒲公英	*Taraxacum sinicum*
426	菊科	山莴苣属	山莴苣	*Lagedium sibiricum*
427	菊科	鼠麴草属	鼠麴草	*Gnaphalium affine*
428	菊科	天名精属	天名精	*Carpesium abrotanoides*
429	菊科	天人菊属	天人菊	*Gaillardia pulchella*
430	菊科	豚草属	豚草	*Ambrosia artemisiifolia*
431	菊科	万寿菊属	万寿菊	*Tagetes erecta*
432	菊科	翅果菊属	翅果菊	*Pterocypsela laciniata*
433	菊科	旋覆花属	旋覆花	*Inula japonica*
434	菊科	鸦葱属	鸦葱	*Scorzonera austriaca*
435	菊科	一枝黄花属	加拿大一枝黄花	*Solidago canadensis*
436	菊科	联毛紫菀属	钻叶紫菀	*Symphyotrichum subulatum*
437	马兜铃科	马兜铃属	马兜铃	*Aristolochia debilis*
438	杜鹃花科	杜鹃花属	锦绣杜鹃（毛杜鹃）	*Rhododendron ×pulchrum*
439	藤黄科	金丝桃属	金丝桃	*Hypericum monogynum*

附表二 九里湖国家湿地公园植物分布

序号	科	属	种	小北湖	东湖	西湖	北湖
1	苹科	苹属	田字萍	√	√	√	
2	满江红科	满江红属	满江红	√	√	√	
3	木贼科	木贼属	节节草	√	√	√	√
4	木贼科	木贼属	木贼				√
5	银杏科	银杏属	银杏	√	√	√	
6	松科	松属	白皮松		√		
7	松科	松属	湿地松		√		
8	松科	松属	黑松		√	√	
9	松科	松属	日本五针松		√		
10	松科	雪松属	雪松	√	√	√	
11	杉科	落羽杉属	池杉	√	√	√	
12	杉科	落羽杉属	落羽杉	√	√	√	
13	杉科	水杉属	水杉	√	√	√	
14	柏科	侧柏属	侧柏		√	√	
15	柏科	刺柏属	刺柏		√		
16	柏科	刺柏属	龙柏	√	√	√	
17	柏科	圆柏属	圆柏	√	√	√	
18	柏科	圆柏属	铺地柏		√		
19	香蒲科	香蒲属	水烛	√	√	√	
20	香蒲科	香蒲属	香蒲	√	√	√	
21	眼子菜科	眼子菜属	眼子菜	√	√	√	

（续表）

序号	科	属	种	小北湖	东湖	西湖	北湖
22	眼子菜科	眼子菜属	菹草	✓	✓	✓	
23	泽泻科	慈姑属	华夏慈姑		✓	✓	
24	泽泻科	泽泻属	泽泻	✓			
25	水鳖科	黑藻属	黑藻		✓	✓	
26	水鳖科	水鳖属	水鳖		✓	✓	
27	禾本科	白茅属	白茅	✓	✓	✓	✓
28	禾本科	针茅属	细茎针茅			✓	
29	禾本科	稗属	稗	✓	✓	✓	
30	禾本科	稗属	光头稗	✓			
31	禾本科	地毯草属	地毯草		✓		
32	禾本科	鹅观草属	柯孟披碱草（鹅观草）	✓			
33	禾本科	刚竹属	淡竹	✓			
34	禾本科	刚竹属	刚竹	✓	✓	✓	
35	禾本科	刚竹属	早园竹				✓
36	禾本科	高粱属	假高粱				✓
37	禾本科	狗尾草属	金色狗尾草	✓			
38	禾本科	狗尾草属	狗尾草	✓	✓	✓	✓
39	禾本科	狗牙根属	狗牙根	✓	✓	✓	✓
40	禾本科	黑麦草属	黑麦草	✓	✓	✓	
41	禾本科	菅属	阿拉伯黄背草	✓			
42	禾本科	结缕草属	结缕草	✓	✓	✓	
43	禾本科	结缕草属	中华结缕草	✓			
44	禾本科	结缕草属	沟叶结缕草	✓			
45	禾本科	荩草属	荩草	✓	✓	✓	✓
46	禾本科	看麦娘属	看麦娘	✓	✓		
47	禾本科	狼尾草属	狼尾草				✓
48	禾本科	狼尾草属	小兔子狼尾草	✓	✓	✓	
49	禾本科	芦苇属	芦苇	✓	✓	✓	✓
50	禾本科	芦竹属	芦竹	✓	✓		✓
51	禾本科	芦竹属	花叶芦竹		✓	✓	

序号	科	属	种	小北湖	东湖	西湖	北湖
52	禾本科	马唐属	马唐	✓	✓	✓	✓
53	禾本科	芒属	斑叶芒	✓		✓	
54	禾本科	芒属	芒	✓	✓	✓	
55	禾本科	芒属	细叶芒	✓	✓	✓	
56	禾本科	蒲苇属	矮蒲苇		✓	✓	
57	禾本科	蒲苇属	花叶蒲苇		✓	✓	
58	禾本科	蒲苇属	蒲苇	✓	✓	✓	✓
59	禾本科	千金子属	千金子	✓			
60	禾本科	求米草属	求米草	✓			
61	禾本科	雀稗属	雀稗	✓	✓	✓	✓
62	禾本科	雀稗属	双穗雀稗			✓	
63	禾本科	雀麦属	雀麦	✓			
64	禾本科	箬竹属	箬竹		✓	✓	
65	禾本科	䅟属	牛筋草	✓	✓	✓	✓
66	禾本科	燕麦属	野燕麦	✓			
67	禾本科	羊茅属	高羊茅	✓	✓	✓	
68	禾本科	薏苡属	薏苡	✓			
69	禾本科	早熟禾属	早熟禾	✓	✓	✓	✓
70	禾本科	乱子草属	粉黛乱子草			✓	
71	禾本科	赖草属	蓝滨麦			✓	
72	禾本科	画眉草属	细叶画眉草		✓	✓	
73	禾本科	须芒草属	须芒草		✓	✓	
74	禾本科	小盼草属	小盼草			✓	
75	莎草科	藨草属	水葱		✓	✓	
76	莎草科	莎草属	风车草	✓	✓	✓	
77	莎草科	莎草属	碎米莎草	✓			
78	莎草科	莎草属	香附子	✓	✓	✓	
79	莎草科	薹草属	白颖薹草（细叶苔草）			✓	
80	棕榈科	棕榈属	棕榈		✓	✓	
81	天南星科	半夏属	半夏	✓			

（续表）

序号	科	属	种	小北湖	东湖	西湖	北湖
82	天南星科	菖蒲属	菖蒲	✓	✓	✓	
83	天南星科	菖蒲属	金钱蒲		✓	✓	
84	天南星科	天南星属	天南星	✓			
85	浮萍科	浮萍属	浮萍	✓	✓	✓	
86	鸭跖草科	鸭跖草属	饭包草	✓			
87	鸭跖草科	鸭跖草属	鸭跖草	✓	✓		
88	雨久花科	凤眼蓝属	凤眼蓝				
89	雨久花科	梭鱼草属	梭鱼草	✓	✓		
90	雨久花科	雨久花属	雨久花		✓		
91	灯心草科	灯心草属	灯心草	✓	✓		
92	灯心草科	灯心草属	细灯心草		✓		
93	百合科	菝葜属	菝葜	✓			
94	百合科	丝兰属	凤尾丝兰		✓	✓	
95	百合科	葱属	薤白	✓			✓
96	百合科	吉祥草属	吉祥草		✓		
97	百合科	山麦冬属	金边阔叶山麦冬			✓	
98	百合科	山麦冬属	阔叶山麦冬			✓	
99	百合科	万年青属	万年青		✓		
100	百合科	萱草属	黄花菜		✓		
101	百合科	萱草属	萱草		✓		
102	百合科	沿阶草属	麦冬	✓	✓	✓	
103	百合科	沿阶草属	沿阶草		✓		✓
104	石蒜科	葱莲属	葱莲	✓			
105	鸢尾科	鸢尾属	黄菖蒲	✓	✓	✓	
106	鸢尾科	鸢尾属	鸢尾	✓			
107	美人蕉科	美人蕉属	大花美人蕉	✓			
108	竹芋科	水竹芋属	再力花	✓	✓	✓	
109	杨柳科	柳属	垂柳	✓	✓	✓	✓
110	杨柳科	柳属	旱柳	✓	✓		✓
111	杨柳科	柳属	杞柳	✓			

（续表）

序号	科	属	种	小北湖	东湖	西湖	北湖
112	杨柳科	柳属	竹柳			√	
113	杨柳科	柳属	彩叶杞柳			√	
114	杨柳科	杨属	毛白杨	√	√	√	
115	杨柳科	杨属	小叶杨		√		
116	胡桃科	枫杨属	枫杨	√	√	√	√
117	胡桃科	胡桃属	胡桃	√			
118	榆科	榉属	榉树	√	√	√	√
119	榆科	朴属	朴树	√	√	√	√
120	榆科	榆属	春榆		√		
121	榆科	榆属	金叶榆	√		√	
122	榆科	榆属	榔榆	√			
123	榆科	榆属	榆树	√			
124	大麻科	葎草属	葎草	√	√	√	√
125	桑科	构属	构树	√	√	√	√
126	桑科	桑属	桑	√	√		√
127	荨麻科	冷水花属	冷水花	√			
128	荨麻科	苎麻属	苎麻	√			
129	蓼科	蓼属	萹蓄	√	√	√	
130	蓼科	蓼属	杠板归	√			
131	蓼科	蓼属	水蓼	√			
132	蓼科	蓼属	长鬃蓼	√			
133	蓼科	蓼属	酸模叶蓼	√			
134	蓼科	酸模属	酸模	√	√		
135	藜科	地肤属	地肤	√	√	√	
136	藜科	藜属	灰绿藜	√			
137	藜科	藜属	小藜	√			
138	藜科	藜属	藜（灰灰菜）	√	√	√	
139	苋科	莲子草属	喜旱莲子草	√	√	√	
140	苋科	牛膝属	牛膝	√			
141	苋科	千日红属	千日红			√	

（续表）

序号	科	属	种	小北湖	东湖	西湖	北湖
142	苋科	青葙属	青葙	✓			
143	苋科	苋属	凹头苋	✓			
144	苋科	苋属	刺苋	✓			
145	苋科	苋属	皱果苋（野苋菜）	✓	✓	✓	
146	商陆科	商陆属	垂序商陆（美洲商陆）	✓			
147	马齿苋科	马齿苋属	马齿苋	✓	✓	✓	✓
148	石竹科	鹅肠菜属	鹅肠菜（牛繁缕）	✓			
149	石竹科	繁缕属	繁缕				✓
150	石竹科	卷耳属	球序卷耳	✓	✓	✓	
151	莼菜科	水盾草属	竹节水松（水盾草）	✓			
152	睡莲科	莼菜属	莼菜		✓		
153	睡莲科	莲属	莲（荷花）		✓		
154	睡莲科	芡属	芡实		✓		
155	睡莲科	睡莲属	睡莲	✓	✓		
156	金鱼藻科	金鱼藻属	金鱼藻	✓	✓	✓	
157	毛茛科	毛茛属	毛茛	✓			
158	毛茛科	毛茛属	石龙芮	✓			
159	毛茛科	铁线莲属	女萎	✓			
160	小檗科	南天竹属	南天竹			✓	
161	小檗科	小檗属	紫叶小檗		✓		
162	防己科	木防己属	木防己	✓	✓	✓	✓
163	木兰科	木兰属	荷花玉兰	✓		✓	
164	木兰科	鹅掌楸属	鹅掌楸（马褂木）		✓		
165	樟科	樟属	樟（香樟）	✓	✓	✓	
166	罂粟科	紫堇属	紫堇	✓			
167	十字花科	播娘蒿属	播娘蒿	✓	✓	✓	
168	十字花科	臭荠属	臭独行菜（臭荠）	✓			
169	十字花科	独行菜属	独行菜		✓		
170	十字花科	蔊菜属	沼生蔊菜	✓			
171	十字花科	荠属	荠（荠菜）	✓	✓	✓	

（续表）

序号	科	属	种	小北湖	东湖	西湖	北湖
172	十字花科	碎米荠属	弹裂碎米荠	√			
173	十字花科	碎米荠属	碎米荠	√			
174	十字花科	葶苈属	葶苈		√		√
175	十字花科	菥蓂属	菥蓂	√			
176	十字花科	芸薹属	芥菜（野油菜）	√			√
177	十字花科	诸葛菜属	诸葛菜			√	
178	景天科	景天属	费菜（景天三七）		√		
179	虎耳草科	扯根菜属	扯根菜	√			
180	海桐花科	海桐花属	海桐	√	√	√	√
181	金缕梅科	枫香树属	枫香树		√		
182	金缕梅科	檵木属	红花檵木		√		
183	杜仲科	杜仲属	杜仲		√		
184	悬铃木科	悬铃木属	三球悬铃木	√	√	√	
185	蔷薇科	地榆属	地榆		√		
186	蔷薇科	棣棠花属	棣棠花			√	
187	蔷薇科	火棘属	火棘	√	√	√	
188	蔷薇科	梨属	梨		√		
189	蔷薇科	李属	紫叶李	√	√	√	
190	蔷薇科	李属	梅		√		
191	蔷薇科	李属	杏		√		
192	蔷薇科	李属	碧桃	√	√	√	
193	蔷薇科	李属	桃	√	√	√	√
194	蔷薇科	李属	日本晚樱		√		
195	蔷薇科	李属	樱花	√		√	
196	蔷薇科	李属	樱桃		√		
197	蔷薇科	木瓜属	木瓜		√	√	
198	蔷薇科	木瓜属	贴梗海棠		√		
199	蔷薇科	枇杷属	枇杷		√	√	
200	蔷薇科	苹果属	垂丝海棠		√	√	
201	蔷薇科	苹果属	海棠花			√	

（续表）

序号	科	属	种	小北湖	东湖	西湖	北湖
202	蔷薇科	苹果属	西府海棠			√	
203	蔷薇科	苹果属	苹果			√	
204	蔷薇科	蔷薇属	小果蔷薇	√			
205	蔷薇科	蔷薇属	野蔷薇	√		√	√
206	蔷薇科	蔷薇属	月季花			√	√
207	蔷薇科	山楂属	山楂			√	
208	蔷薇科	蛇莓属	蛇莓	√	√		
209	蔷薇科	石楠属	椤木石楠		√	√	
210	蔷薇科	石楠属	石楠	√	√	√	
211	蔷薇科	石楠属	红叶石楠	√	√	√	
212	蔷薇科	委陵菜属	朝天委陵菜	√	√		
213	蔷薇科	委陵菜属	翻白草	√			
214	蔷薇科	绣线菊属	粉花绣线菊	√	√		
215	蔷薇科	绣线菊属	绣线菊	√	√		
216	蔷薇科	绣线菊属	中华绣线菊	√			
217	蔷薇科	悬钩子属	茅莓	√	√	√	
218	豆科	车轴草属	白车轴草	√	√	√	√
219	豆科	车轴草属	杂种车轴草	√	√		
220	豆科	刺槐属	刺槐	√	√	√	√
221	豆科	大豆属	野大豆	√	√	√	√
222	豆科	甘草属	刺果甘草	√			
223	豆科	合欢属	合欢	√		√	
224	豆科	胡枝子属	胡枝子	√			
225	豆科	槐属	金枝国槐（黄金槐）		√		
226	豆科	槐属	槐		√	√	
227	豆科	槐属	龙爪槐		√		
228	豆科	黄耆属	紫云英	√			
229	豆科	黄檀属	黄檀		√		
230	豆科	鸡眼草属	鸡眼草	√			
231	豆科	豇豆属	赤豆	√			

（续表）

序号	科	属	种	小北湖	东湖	西湖	北湖
232	豆科	豇豆属	贼小豆	✓			
233	豆科	锦鸡儿属	红花锦鸡儿	✓			
234	豆科	决明属	决明	✓			
235	豆科	苜蓿属	南苜蓿	✓			
236	豆科	苜蓿属	紫苜蓿				✓
237	豆科	田菁属	田菁	✓	✓	✓	
238	豆科	野豌豆属	广布野豌豆	✓			
239	豆科	野豌豆属	救荒野豌豆	✓	✓	✓	✓
240	豆科	野豌豆属	四籽野豌豆	✓			
241	豆科	野豌豆属	小巢菜	✓			
242	豆科	紫荆属	紫荆	✓	✓	✓	
243	豆科	紫穗槐属	紫穗槐	✓			
244	豆科	紫藤属	紫藤	✓		✓	
245	酢浆草科	酢浆草属	红花酢浆草	✓	✓	✓	✓
246	酢浆草科	酢浆草属	关节酢浆草	✓			
247	酢浆草科	酢浆草属	酢浆草	✓			✓
248	酢浆草科	酢浆草属	紫叶酢浆草		✓		
249	牻牛儿苗科	老鹳草属	野老鹳草	✓	✓	✓	
250	蒺藜科	蒺藜属	蒺藜	✓			
251	芸香科	花椒属	花椒		✓		✓
252	楝科	楝属	楝	✓	✓	✓	✓
253	苦木科	臭椿属	臭椿		✓	✓	
254	大戟科	大戟属	斑地锦	✓	✓		
255	大戟科	大戟属	乳浆大戟	✓			
256	大戟科	大戟属	泽漆	✓	✓	✓	✓
257	大戟科	大戟属	匍匐大戟	✓			✓
258	大戟科	秋枫属	重阳木	✓	✓	✓	
259	大戟科	铁苋菜属	铁苋菜	✓	✓	✓	✓
260	大戟科	乌桕属	乌桕	✓	✓	✓	✓
261	大戟科	叶下珠属	蜜甘草	✓			

（续表）

序号	科	属	种	小北湖	东湖	西湖	北湖
262	黄杨科	黄杨属	大叶黄杨		√	√	
263	黄杨科	黄杨属	小叶黄杨	√	√	√	
264	漆树科	黄连木属	黄连木			√	
265	漆树科	黄栌属	黄栌			√	
266	漆树科	盐麸木属	火炬树	√		√	√
267	冬青科	冬青属	枸骨	√	√	√	
268	冬青科	冬青属	冬青			√	
269	冬青科	冬青属	无刺枸骨		√	√	
270	卫矛科	卫矛属	金边黄杨	√	√	√	
271	卫矛科	卫矛属	卫矛		√	√	
272	卫矛科	卫矛属	冬青卫矛	√	√	√	√
273	卫矛科	卫矛属	白杜（丝棉木）	√	√	√	
274	槭树科	槭属	红枫			√	
275	槭树科	槭属	鸡爪槭		√	√	
276	槭树科	槭属	三角槭	√		√	
277	槭树科	槭属	元宝槭		√		
278	无患子科	无患子属	无患子			√	
279	无患子科	栾树属	栾树	√	√	√	
280	无患子科	栾树属	黄山栾树			√	
281	凤仙花科	凤仙花属	凤仙花	√			
282	鼠李科	枣属	枣			√	
283	葡萄科	地锦属	地锦	√	√	√	
284	葡萄科	葡萄属	葡萄	√			
285	葡萄科	蛇葡萄属	蛇葡萄	√			
286	葡萄科	乌蔹莓属	乌蔹莓	√	√	√	√
287	锦葵科	木槿属	木芙蓉			√	
288	锦葵科	木槿属	木槿	√	√	√	
289	锦葵科	蜀葵属	蜀葵		√	√	√
290	锦葵科	苘麻属	苘麻	√			√
291	梧桐科	梧桐属	梧桐		√	√	

（续表）

序号	科	属	种	小北湖	东湖	西湖	北湖
292	柽柳科	柽柳属	柽柳	√		√	
293	堇菜科	堇菜属	如意草（堇菜）	√			
294	堇菜科	堇菜属	紫花堇菜	√			
295	千屈菜科	紫薇属	紫薇	√	√	√	
296	千屈菜科	千屈菜属	千屈菜	√	√	√	
297	石榴科	石榴属	石榴	√	√	√	√
298	菱科	菱属	欧菱（菱）	√	√	√	
299	柳叶菜科	山桃草属	山桃草	√		√	
300	柳叶菜科	山桃草属	小花山桃草	√			√
301	柳叶菜科	月见草属	美丽月见草	√			
302	柳叶菜科	月见草属	月见草	√			
303	小二仙草科	狐尾藻属	狐尾藻	√	√	√	
304	小二仙草科	狐尾藻属	穗状狐尾藻	√	√	√	
305	五加科	常春藤属	常春藤		√	√	
306	五加科	八角金盘属	八角金盘			√	
307	伞形科	窃衣属	小窃衣（破子草）	√			
308	伞形科	蛇床属	蛇床	√			√
309	伞形科	水芹属	水芹	√			
310	伞形科	天胡荽属	天胡荽	√			
311	伞形科	胡萝卜属	野胡萝卜	√			√
312	山茱萸科	桃叶珊瑚属	花叶青木			√	
313	报春花科	点地梅属	点地梅		√		
314	柿科	柿属	柿		√	√	
315	木樨科	梣属	白蜡树		√		
316	木樨科	连翘属	连翘	√	√		
317	木樨科	连翘属	金钟花		√	√	
318	木樨科	女贞属	金森女贞	√	√		
319	木樨科	女贞属	金叶女贞	√	√		
320	木樨科	女贞属	女贞	√	√	√	√
321	木樨科	女贞属	小叶女贞	√	√	√	√

（续表）

序号	科	属	种	小北湖	东湖	西湖	北湖
322	木樨科	女贞属	银姬小蜡			√	
323	木樨科	木犀属	木樨（桂花）		√	√	
324	木樨科	丁香属	紫丁香			√	
325	木樨科	素馨属	迎春花	√	√	√	
326	木樨科	素馨属	野迎春（云南黄素馨）		√		
327	禾本科	竹亚属	竹亚		√	√	
328	夹竹桃科	夹竹桃属	夹竹桃		√	√	
329	夹竹桃科	罗布麻属	罗布麻	√			
330	夹竹桃科	络石属	花叶络石	√	√	√	
331	夹竹桃科	络石属	络石	√		√	
332	萝藦科	鹅绒藤属	鹅绒藤				
333	萝藦科	萝藦属	萝藦	√	√	√	√
334	旋花科	打碗花属	打碗花	√	√	√	
335	旋花科	打碗花属	旋花	√			
336	旋花科	马蹄金属	马蹄金	√			
337	旋花科	牵牛属	牵牛	√	√		√
338	旋花科	牵牛属	圆叶牵牛			√	√
339	旋花科	旋花属	田旋花	√			
340	紫草科	斑种草属	柔弱斑种草	√			
341	紫草科	附地菜属	附地菜	√			√
342	马鞭草科	牡荆属	牡荆		√	√	
343	马鞭草科	马鞭草属	马鞭草	√	√		
344	马鞭草科	马鞭草属	柳叶马鞭草	√		√	
345	唇形科	鼠尾草属	荔枝草	√	√	√	
346	唇形科	鼠尾草属	一串红			√	
347	唇形科	筋骨草属	多花筋骨草		√		
348	唇形科	薄荷属	薄荷	√			
349	唇形科	地笋属	硬毛地笋	√			
350	唇形科	活血丹属	活血丹	√			
351	唇形科	水棘针属	水棘针	√			

（续表）

序号	科	属	种	小北湖	东湖	西湖	北湖
352	唇形科	夏枯草属	夏枯草	✓			
353	唇形科	野芝麻属	宝盖草	✓	✓		
354	唇形科	野芝麻属	野芝麻	✓			
355	唇形科	益母草属	益母草	✓			
356	唇形科	紫苏属	紫苏	✓			
357	唇形科	香科科属	水果蓝			✓	
358	茄科	枸杞属	枸杞	✓	✓	✓	✓
359	茄科	茄属	龙葵				✓
360	茄科	茄属	白英				✓
361	茄科	酸浆属	酸浆	✓			
362	玄参科	地黄属	地黄				
363	玄参科	泡桐属	毛泡桐	✓			✓
364	玄参科	婆婆纳属	阿拉伯婆婆纳	✓	✓	✓	
365	玄参科	婆婆纳属	婆婆纳	✓	✓		✓
366	玄参科	婆婆纳属	蚊母草	✓			
367	玄参科	婆婆纳属	直立婆婆纳	✓			
368	玄参科	通泉草属	通泉草	✓	✓	✓	
369	玄参科	通泉草属	弹刀子菜	✓			
370	紫葳科	梓属	楸	✓			
371	爵床科	爵床属	爵床	✓			
372	车前科	车前属	车前	✓	✓	✓	
373	车前科	车前属	北美车前	✓			
374	茜草科	鸡矢藤属	鸡矢藤	✓	✓	✓	✓
375	茜草科	拉拉藤属	猪殃殃	✓	✓	✓	✓
376	茜草科	茜草属	茜草	✓			
377	茜草科	栀子属	栀子		✓		
378	忍冬科	锦带花属	锦带花			✓	
379	忍冬科	锦带花属	红王子锦带花		✓		
380	忍冬科	忍冬属	忍冬（金银花）	✓		✓	✓
381	忍冬科	六道木属	六道木	✓			

（续表）

序号	科	属	种	小北湖	东湖	西湖	北湖
382	忍冬科	荚蒾属	日本珊瑚树		√		
383	忍冬科	接骨木属	接骨木	√			
384	葫芦科	盒子草属	盒子草	√			
385	葫芦科	黄瓜属	菜瓜	√			√
386	葫芦科	绞股蓝属	绞股蓝	√			
387	葫芦科	马㼎儿属	马㼎儿	√		√	
388	菊科	蒿属	艾	√	√	√	√
389	菊科	蒿属	黄花蒿	√			√
390	菊科	蒿属	中亚苦蒿	√			
391	菊科	蒿属	萎蒿	√			√
392	菊科	蒿属	青蒿	√			
393	菊科	蒿属	野艾蒿	√	√	√	√
394	菊科	蒿属	猪毛蒿				√
395	菊科	金鸡菊属	剑叶金鸡菊	√	√	√	√
396	菊科	金鸡菊属	金鸡菊	√	√	√	
397	菊科	秋英属	秋英（波斯菊）		√	√	
398	菊科	鬼针草属	大狼杷草	√			
399	菊科	鬼针草属	鬼针草	√			√
400	菊科	向日葵属	菊芋	√			
401	菊科	向日葵属	向日葵	√			
402	菊科	白酒草属	小蓬草（小飞蓬）	√	√	√	
403	菊科	苍耳属	苍耳	√	√		
404	菊科	黄鹌菜属	黄鹌菜	√			
405	菊科	蓟属	蓟	√	√		√
406	菊科	蓟属	刺儿菜（小蓟）	√	√	√	√
407	菊科	飞蓬属	一年蓬	√	√	√	
408	菊科	飞蓬属	春飞蓬（春一年蓬）	√	√	√	√
409	菊科	飞蓬属	苏门白酒草	√	√		
410	菊科	假还阳参属	假还阳参		√		

(续表)

序号	科	属	种	小北湖	东湖	西湖	北湖
411	菊科	假还阳参属	尖裂假还阳参（抱茎苦荬菜）	✓	✓	✓	
412	菊科	碱菀属	碱菀	✓			
413	菊科	菊属	菊花	✓			
414	菊科	菊属	野菊	✓			
415	菊科	苦苣菜属	花叶滇苦菜	✓		✓	✓
416	菊科	苦苣菜属	苣荬菜	✓	✓	✓	
417	菊科	苦苣菜属	苦苣菜	✓	✓	✓	✓
418	菊科	苦苣菜属	长裂苦苣菜	✓			✓
419	菊科	苦荬菜属	剪刀股	✓			
420	菊科	苦荬菜属	苦荬菜	✓	✓	✓	
421	菊科	鳢肠属	鳢肠	✓	✓	✓	
422	菊科	马兰属	马兰	✓			
423	菊科	泥胡菜属	泥胡菜	✓			
424	菊科	蒲公英属	蒲公英	✓	✓	✓	
425	菊科	蒲公英属	华蒲公英				✓
426	菊科	山莴苣属	山莴苣	✓			
427	菊科	鼠麹草属	鼠麹草	✓			
428	菊科	天名精属	天名精	✓			
429	菊科	天人菊属	天人菊			✓	
430	菊科	豚草属	豚草	✓			
431	菊科	万寿菊属	万寿菊			✓	
432	菊科	翅果菊属	翅果菊	✓			✓
433	菊科	旋覆花属	旋覆花	✓	✓		
434	菊科	鸦葱属	鸦葱	✓			
435	菊科	一枝黄花属	加拿大一枝黄花	✓	✓	✓	✓
436	菊科	联毛紫菀属	钻叶紫菀	✓			
437	马兜铃科	马兜铃属	马兜铃				✓
438	杜鹃花科	杜鹃花属	锦绣杜鹃（毛杜鹃）			✓	
439	藤黄科	金丝桃属	金丝桃			✓	

附表三　九里湖国家湿地公园外来入侵植物

序号	科	属	种	原产地	生长型	入侵等级
1	菊科	白酒草属	小蓬草（小飞蓬）	北美洲	Ph	I
2	菊科	飞蓬属	一年蓬	北美洲	A‑Bh	I
3	菊科	飞蓬属	春飞蓬（春一年蓬）	南美洲	A‑Bh	III
4	菊科	飞蓬属	苏门白酒草	北美洲	A‑Bh	I
5	菊科	鬼针草属	大狼杷草	北美洲	Ah	I
6	菊科	鬼针草属	鬼针草	美洲	Ah	I
7	菊科	金鸡菊属	金鸡菊	北美洲	Ah	V
8	菊科	金鸡菊属	剑叶金鸡菊	美国	Ah	V
9	菊科	苦苣菜属	花叶滇苦菜	欧洲和地中海	Ah	IV
10	菊科	苦苣菜属	苦苣菜	欧洲和地中海沿岸	A‑Bh	IV
11	菊科	鳢肠属	鳢肠	美洲	Ah	IV
12	菊科	联毛紫菀属	钻叶紫菀	北美洲	Ah	I
13	菊科	秋英属	秋英（波斯菊）	墨西哥和美国西南部	Ph	V
14	菊科	天人菊属	天人菊	美洲	Ah	V
15	菊科	豚草属	豚草	中美洲和北美洲	Ah	I
16	菊科	万寿菊属	万寿菊	北美洲	Ah	V
17	菊科	向日葵属	菊芋	北美洲	Ph	IV
18	菊科	一枝黄花属	加拿大一枝黄花	北美洲	Ph	I
19	豆科	车轴草属	白车轴草	北非、中亚、西亚和欧洲	Ph	II
20	豆科	车轴草属	杂种车轴草	西亚和欧洲	Ph	III
21	豆科	刺槐属	刺槐	北美洲	Dt	III

（续表）

序号	科	属	种	原产地	生长型	入侵等级
22	豆科	苜蓿属	南苜蓿	北非、西亚、南欧	A－Bh	IV
23	豆科	苜蓿属	紫苜蓿	西亚	Ph	IV
24	豆科	田菁属	田菁	可能为大洋洲至太平洋岛屿	Ah	II
25	豆科	紫穗槐属	紫穗槐	美国东北部及东南部	Ds	V
26	苋科	莲子草属	喜旱莲子草	巴西	Ph	I
27	苋科	千日红属	千日红	热带美洲	Ah	V
28	苋科	青葙属	青葙	印度	Ah	II
29	苋科	苋属	皱果苋（野苋菜）	南美洲	Ah	II
30	苋科	苋属	凹头苋	热带美洲	Ah	II
31	苋科	苋属	刺苋	热带美洲	Ah	I
32	禾本科	地毯草属	地毯草	热带美洲	Ph	V
33	禾本科	黑麦草属	黑麦草	欧洲	Ph	IV
34	禾本科	燕麦属	野燕麦	欧洲南部和地中海沿岸	Ah	II
35	玄参科	婆婆纳属	蚊母草	北美洲	Ah	IV
36	玄参科	婆婆纳属	直立婆婆纳	南欧和西亚	Ah	IV
37	玄参科	婆婆纳属	阿拉伯婆婆纳	西亚	Ah	III
38	玄参科	婆婆纳属	婆婆纳	西亚	Ah	IV
39	柳叶菜科	山桃草属	山桃草	北美洲	Ph	V
40	柳叶菜科	山桃草属	小花山桃草	北美洲中南部	Ah	II
41	柳叶菜科	月见草属	月见草	北美洲东部	Bh	II
42	大戟科	大戟属	斑地锦	北美洲	Ah	III
43	大戟科	大戟属	匍匐大戟	美洲	Ah	IV
44	藜科	藜属	小藜	欧洲	Ah	IV
45	藜科	藜属	灰绿藜	原产地不详	Ah	IV
46	莎草科	莎草属	风车草	东非和阿拉伯半岛	Ph	V
47	莎草科	莎草属	香附子	可能为印度	Ph	IV
48	十字花科	臭荠属	臭独行菜（臭荠）	南美洲	A－Bh	IV
49	十字花科	荠属	荠（荠菜）	西亚和欧洲	A－Bh	IV
50	石竹科	鹅肠菜属	鹅肠菜（牛繁缕）	欧洲	A－Bh	IV

（续表）

序号	科	属	种	原产地	生长型	入侵等级
51	石竹科	卷耳属	球序卷耳	欧洲	A－Bh	Ⅲ
52	旋花科	牵牛属	圆叶牵牛	美洲	Ah	Ⅰ
53	旋花科	牵牛属	牵牛	南美洲	Ah	Ⅱ
54	酢浆草科	酢浆草属	红花酢浆草	热带美洲	Ph	Ⅳ
55	酢浆草科	酢浆草属	紫叶酢浆草	美洲	Ph	Ⅴ
56	雨久花科	凤眼蓝属	凤眼蓝	巴西	Ph	Ⅰ
57	百合科	丝兰属	凤尾丝兰	北美洲东部和东南部	Es	Ⅴ
58	车前科	车前属	北美车前	北美洲	A－Bh	Ⅱ
59	莼菜科	水盾草属	竹节水松（水盾草）	美洲	Ph	Ⅱ
60	唇形科	鼠尾草属	一串红	南美洲	Ph	Ⅴ
61	凤仙花科	凤仙花属	凤仙花	南亚至东南亚	Ah	Ⅳ
62	锦葵科	苘麻属	苘麻	印度	Ah	Ⅲ
63	牻牛儿苗科	老鹳草属	野老鹳草	北美洲	Ah	Ⅱ
64	漆树科	盐麸木属	火炬树	北美洲	Dt	Ⅲ
65	伞形科	胡萝卜属	野胡萝卜	欧洲	Bh	Ⅱ
66	商陆科	商陆属	垂序商陆（美洲商陆）	北美洲	Ph	Ⅱ
67	石蒜科	葱莲属	葱莲	南美洲	Ph	Ⅳ
68	鸢尾科	鸢尾属	黄菖蒲	欧洲	Ph	Ⅴ
69	竹芋科	水竹芋属	再力花	美洲	Ph	Ⅴ

注：Ah：一年生草本 Annual herb；Bh：二年生草本 Biennial herb；A－Bh：一或二年生草本 Annual to biennial herb；Ph：多年生草本 Perennial herb；Es：常绿灌木 Evergreen shrub；Ds：落叶灌木 Deciduous shrub；Dt：落叶乔木 Deciduous tree

植物中文名索引（按笔画顺序排列）

参 考 文 献

［1］胡炳南. 我国煤矿充填开采技术及其发展趋势 ［J］. 煤炭科学技术，2012，40（11）：1-5.

［2］韩兴国，李凌浩，黄建辉. 生物地球化学概论 ［M］. 北京：高等教育出版社，1999.

［3］Dimitrakopoulos P G，Jones N，Iosifides T，et al. Local attitudes on protected areas：Evidence from three Natura 2000 wetland sites in Greece ［J］. Journal of Environmental Management，2010，91（9）：1847-1854.

［4］Singh A N，Raghubanshi A S，Singh J S. Impact of native tree plantations on mine spoil in a dry tropical environment ［J］. Forest Ecology and Management，2004，187（1）：49-60.

［5］邓培雁，陈桂珠. 湿地价值及其有关问题探讨 ［J］. 湿地科学，2003，1（2）：136-141.

［6］中共中央办公厅国务院办公厅印发《关于进一步加强生物多样性保护的意见》［J］. 中国水产，2021（11）：4-8.

［7］马述宏，陈学林，李文华，等. 甘肃民勤石羊河国家湿地公园植物多样性调查分析 ［J］. 甘肃林业科技，2017，42（2）：9-17.

［8］黄蓉. 保护地球之"肾"——全国湿地保护管理工作会议在沪召开 ［J］. 绿色中国，2013（1）：14-15.

［9］Gilland K E，Mccarthy B C. Microtopography Influences Early Successional Plant Communities on Experimental Coal Surface Mine Land Reclamation ［J］. Restoration Ecology，2014，22（2）：232-239.

［10］Makineci E，Ozdemir E，Caliskan S，et al. Ecosystem carbon pools of coppice-originated oak forests at different development stages ［J］. European Journal of Forest Research，2015，134（2）：319-333.

［11］白中科，王文英，李晋川. 中国山西平朔安太堡露天煤矿退化土地生态重建研究 ［J］. 中国土地科学，2000，14（4）：30-34.

［12］张冠雄. 采煤塌陷区新生湿地生物多样性及其时空分布特征研究 ［D］. 重庆：重庆大学，2020.

［13］Schulz F，Wiegleb G. Development options of natural habitats in a post-mining landscape ［J］. Land Degradation & Development，2000，11（2）：99-110.

［14］Hendrychova M，Salek M，Tajovsky K，et al. Soil Properties and Species Richness of Invertebrates on Afforested Sites after Brown Coal Mining ［J］. Restoration Ecology，2012，20（5）：561-567.

［15］徐佳，王略，王义，等. 2000—2017年神东矿区植被NDVI时空动态 ［J］. 水土保持研究，2021（1）：153-158.

［16］郭逍宇，张金屯，宫辉力，等. 安太堡矿区复垦地植被修复过程多样性变化 ［J］. 生态学报，2005（4）：763-770.

［17］冷平生. 园林生态学. ［M］. 2版. 北京：中国农业出版社，2011.

［18］张亦扬，强于鲜，李萌津，等. 榆神府矿区采煤塌陷地植被群落修复演替特征 ［J］. 绿色科技，2019（6）：65-66.

［19］郝蓉. 黄土区大型露天煤矿废弃地的植被恢复研究——以平朔安太堡露天煤矿为例 ［D］. 太原：山西农业大学，2002.

［20］Ying L，Lei S，Chen X，et al. Temporal variation and driving factors of vegetation coverage in Shendong central mining area based on the perspective of guided restoration ［J］. Meitan Xuebao/Journal of the China Coal Society，2021，46（10）：3319-3331.

［21］Li X R，Xiao H L，Zhang J G，et al. Long-Term Ecosystem Effects of Sand-Binding Vegetation in the Tengger Desert，Northern China ［J］. Restoration Ecology，2010，12（3）：376-390.

［22］Alday J G，Marrs R H，Martínez-Ruiz C. The importance of topography and climate on short-term revegetation of coal wastes in Spain ［J］. Ecological Engineering，2010，36（4）：579-585.

［23］Schooler S S，Mcevoy P B，Hammond P，et al. Negative per capita effects of purple loosestrife and reed canary grass on plant diversity of wetland communities [J]. Diversity and distributions, 2006 (4): 351-363.

[24] 邓志平, 俞青青, 朱炜, 等. 生态恢复在城市湿地公园植物景观营造中的应用——以西溪国家湿地公园为例 [J]. 西北林学院学报, 2009 (6): 162-165.

[25] 贺依婷, 颜水华, 黄忠良, 等. 天子湖国家湿地公园湿地植物资源多样性研究 [J]. 湖南林业科技, 2019 (5): 84-89.

[26] 徐行. 昆明泛亚城市湿地公园植物多样性研究及植物景观分析 [D]. 武汉: 华中农业大学, 2019.

[27] 庞宏东, 周文昌, 石蓉, 等. 藏龙岛国家湿地公园植物多样性调查 [J]. 湖北林业科技, 2016 (4): 9-12.

[28] 刘辉, 宫兆宁, 赵文吉. 基于挺水植物高光谱信息的再生水总氮含量估测——以北京市门城湖湿地公园为例 [J]. 应用生态学报, 2014, 25 (12): 3609-3618.

[29] 江秀朋, 张翠英, 刘焕然, 等. 不同湿地植物对污染水体的净化效果 [J]. 工业水处理, 2019, 39 (1): 53-56.

[30] Kim K D, Lee S, Oh H J, et al. Assessment of ground subsidence hazard near an abandoned underground coal mine using GIS [J]. Environmental Geology, 2006, 50 (8): 1183-1191.

[31] 雷少刚, 卞正富. 西部干旱区煤炭开采环境影响研究 [J]. 生态学报, 2014, 34 (11): 2837-2843.

[32] Mukhopadhyay S, George J, Masto R E. Changes in polycyclic aromatic hydrocarbons (PAHs) and soil biology in a revegetated coal mine spoil [J]. Land Degrade and Development, 2017, 28 (3): 1047-1055.

[33] Zedler J. Success: AnUnclear, Subjective Descriptor of Restoration Outcomes [J]. Ecological restoration, 2007, 25 (3): 162-168.

[34] Bradshaw A. Restoration of mined lands-using natural processes [J]. Ecological Engineering, 1997, 8 (4): 255-269.

[35] Auestad I, Rydgren K, Austad I. Near-natural methods promote restoration of species-rich grassland vegetation-revisiting a road verge trial after 9 years [J]. Restoration Ecology, 2016, 24 (3): 381-389.

[36] 江苏省森林资源监测中心. 江苏九里湖国家湿地公园总体规划 (2017—2020), 2016.

［37］梁珍海，秦飞，季永华，等. 徐州市植物多样性调查与多样性保护规划［M］. 南京：江苏科学技术出版社，2013.

［38］孙航，邓涛，陈永生，等. 植物区系地理研究现状及发展趋势［J］. 生物多样性，2017（2）：111-122.

［39］曾宪锋. 中国植物区系地理学研究的回顾和展望［J］. 生物学通报，1998，（6）：4-6.

［40］叶嘉，张浩，焦云红，等. 太行山南段武安国家森林公园种子植物区系特征及与其他植物区系的关系［J］. 西北植物学报，2009，29（2）：365-372.

［41］陈开森，邓元德，吕国梁，等. 福建汀江源自然保护区种子植物区系研究［J］. 中南林业科技大学学报，2020，40（6）：7-15.

［42］刘可丹，罗欢，唐博航，等. 横县野生种子植物区系及与附近地区的比较研究［J］. 热带亚热带植物学报，2020，28（6）：615-623.

［43］Pimentel D，Zuniga R，Morrison D. Update on the environmental and economic costs associated with alien-invasive species in the United States［J］. Ecological Economics，2005，52（3）：273-288.

［44］Westphal M I，Browne M，Mackinnon K，et al. The link between international trade and the global distribution of invasive alien species［J］. Biological Invasions，2008，10（4）：391-398.

［45］Baker R，Cannon R，Bartlett P，et al. Novel strategies for assessing and managing the risks posed by invasive alien species to global crop production and biodiversity［J］. Blackwell Science Ltd，2005，146（2）：177-191.

［46］马金双. 中国入侵植物名录［M］. 北京：高等教育出版社，2013.

［47］强胜. 植物学［M］. 北京：高等教育出版社，2006.

［48］中国科学院植物研究所. 中国植物志电子版：植物智-中国植物物种信息系统［DB/OL］. ［2021-09-10］. http：//www. iplant. cn/frps.

［49］万方浩，刘全儒，谢明. 生物入侵：中国外来入侵植物图鉴［M］. 北京：科学出版社，2012.

［50］中华人民共和国农业部. 国家重点管理外来入侵物种名录（第一批）［EB/OL］. （2013-02-01）.

［51］臧得奎. 中国蕨类植物区系的初步研究［J］. 西北植物学报，1998，18（3）：459-465.

[52] 吴征镒.《世界种子植物科的分布区类型系统》的修订 [J]. 云南植物研究，2003, 25 (5): 535-538.

[53] 吴征镒. 中国种子植物属的分布区类型 [J]. 植物资源与环境学报，1991 (S4): 1-139.

[54] 吴征镒，周浙昆，孙航，等. 种子植物分布区类型及其起源和分化 [M]. 昆明：云南科技出版社，2006.

[55] 闫小玲，刘全儒，寿海洋，等. 中国外来入侵植物的等级划分与地理分布格局分析 [J]. 生物多样性，2014, 22 (5): 667-676.

[56] 范英宏，陆兆华，程建龙，等. 中国煤矿区主要生态环境问题及生态重建技术 [J]. 生态学报，2003, 23 (10): 2144-2152.